JN056179

北海道地域農業研究所学術叢書⑳

果樹産地の再編と農協

板橋 衛 著

筑波書房

目　次

果樹産地の再編と農協

板橋 衛 著

序章

問題意識と課題

1．課題

　今日、農協は「自己改革」を進めている。そこでは、「農業者の所得増大」「農業生産の拡大」「地域の活性化」を３本柱として、特に営農経済事業の強化に系統農協組織をあげて取り組むこととし、それに突き進んでいる。とはいえ、2017年７月に農水省が公表した農協の農協改革に関するアンケート結果において、認定農業者の評価が低かったことから、農協役職員による認定農業者への訪問が強化された。また、生産拡大や生産資材価格引き下げの成果を数値的に強調しており、組合員の要望や評価と言うよりも政府の顔色を窺いつつ自己改革を進めている感じが見え隠れする。これらは自己改革への取り組みの背景として、農協「改革」の圧力があったことを物語っている^(注1)。いずれにせよ、そうした自己改革の成果・結果として、農協「改革」を政府が直接的に迫る契機となる提言を行った規制改革推進会議は、2019年６月の答申で、「農協改革集中推進期間における自己改革が進められ、一定の進捗が見られた」として、推進期間を終了すると明言し、農水省からも「JAグループの自己改革は進展」したとの評価を得ている。しかし、系統農協組織は、自己改革を推進することを示した第27回全国農協大会（2015年）に引き続いて、第28回全国農協大会（2019年）においても、「創造的自己改革の実践」を掲げており、自己改革の３本柱を引き続きの基本目標とし、これまで以上に営農経済事業を強化していく方針である。

　こうした方向は、農業協同組合としては、ある意味では当然の課題であり、誰もが賛成する方針である。しかし、それを強調しすぎることは、他方で農

協「改革」をけしかける側の思う壺になりかねない危険性も有していると考えられる。農協から信用事業を分離して一般の金融市場に「農協マネー」を取り込むことを目論む財界の要望を背景とし、政府は農業所得の増大を名目として農協から信用事業を分離する方針を示してきた^(注2)。しかし、昨今では農協経営を取り巻く経済状況の変化から、信用事業を続けることが農協経営のリスクになる点などを整理し、信用事業分離を主張している^(注3)。ここから見えてくる農協像は、農協の総合事業から信用事業を分離し、農協は営農経済事業に特化する専門農協化に他ならないのである^(注4)。営農経済事業重視の自己改革は、そうした方向に系統農協自らが突き進んでいることをアピールすることにもつながりかねない危険性を有しているとみられる^(注5)。

　日本における農協の事業体制のあり方として、総合事業か専門事業かという議論は産業組合設立時に遡り、戦後の農協法設立時においては、GHQとの間でも問題となっている^(注6)。日本の農業・農村の実情に即して総合農協としての事業展開が選択されたが、戦後日本の食料問題により、食料の供出と配給の統制経済の継続としての農業会組織を継続せざるを得なかったことも、総合事業を行う農協が選択された要因である^(注7)。しかし、実際には総合農協数を上回る数の専門農協が設立されていた点も見逃せない点である。設立された専門農協の大部分は非出資形態の小規模農協ではあるが、青果物や畜産物などの販売業務を中心に事業展開を行っていた^(注8)。それに対して総合農協は、ドッジ不況の影響を受けた経営悪化の中で、販売取扱品目としては、食糧管理法に依存した米麦の取り扱いを中心とした事業展開を行っていたため、事業競合の問題はあまり見られなかった。しかし、1950年代後半になると、青果物や畜産物などの商品生産作目の発展と農産物市場・資本の展開がみられる。その中で、整備促進が一段落した経済連の事業展開を背景に、それら成長農産物に対する取り組みを総合農協が本格化し、地域によっては総合農協系統と専門農協系統で事業競合問題が表面化する^(注9)。

　そうした状況下において、農協における成長農産物に対する取り組みの実態調査に基づいて、農協事業のあり方が議論されるようになる^(注10)。ここ

では、基本法農政下において、食糧管理法の現状維持に異常な固執を示す総合農協では、営農指導体制については成長農産物部門が甚だ不十分であり、生産が拡大しつつある成長農産物への対応を行うことができるのであろうかという問題提起がなされている。そして、青果物や酪農などの産地における農協機能の実態調査をもとに、農協事業のあり方を考察し議論が行われている。総合農協と専門農協のどちらが農協事業のあるべき方向であるかという明確な結論は示していないが、総合農協の事業専門化の必要性、事業を専門化した場合における信用事業分離の必要性、信用事業を有していない専門農協における事業展開の弱点などが議論されている[注11]。

　その後の全国における展開は、単協段階では総合農協と専門農協が合併する形で組織再編が進むが、連合会段階では専門連が存続した。そこでは、品目や生産資材分野における事業分担が図られてきたが、1990年代後半からの系統組織再編の中では、経済事業を行う県段階の連合会は経済連に集約される動きが強まり、さらには全農との統合に至るケースが大部分である[注12]。そして、さらに近年における1県1農協化への組織再編では、そうした連合会段階の専門連も県段階の農協に集約されている[注13]。

　かつて青果専門農協[注14]を中心として果樹・柑橘類[注15]の生産指導・販売が行われていた愛媛県では、オレンジ果汁の自由化等の影響により、柑橘類の価格が低迷し、生産量が減少したため、農協の販売取扱高が激減し、金融事業を有しない専門農協形態では経営的に成り立たせることが難しくなり、総合農協との合併を決断して今日に至っている。それでも十分な経営基盤が確立されたわけではないため、営農経済事業部門はさらに縮小化を余儀なくされてきている[注16]。このことは部門別採算性のあり方を検討する上できわめて重要なことと考えられるが[注17]、愛媛県の農協にとってみると、今日における専門農協化の主張および営農経済事業強化のための経営資源再配分の方針は、かつての専門農協体制に戻れと受け止められる内容のものであり、きわめて皮肉な内容でもある[注18]。

　愛媛県において、青果専門農協が果樹・柑橘類の生産指導・販売の中心を

担っていた時期において、若林秀泰は、愛媛県のみかん農業においては、専門農協がかなりの優位を占めていた事実が、産地間競争等の中でマーケティング戦略の担い手として優位に作用してきたとみて、専門農協組織間の役割分担と競争意識、生産者参加方式の販売事業、農協経営者層の企業的能力の高さ等に注目している[注19]。大原純一は、青果専門農協の機能的特質として、典型的青果物販売（マーケティング）指向型、積極的な加工事業と技術（営農）指導事業、危険負担を覚悟のうえでの積極的な経営姿勢があると整理し、総合農協が主体的な日本の農協が学ぶべき点が多いと指摘している[注20]。また、麻野尚延は、温泉青果農協を対象とし、みかん産地体制の再編成とそこにおける農協の対応、地域の農協を合併してきた経緯を専門農協と総合農協の組織事業競合問題との関わりで整理し、青果物のマーケティング活動を中心にしながらも総合事業を兼営する体制となった温泉青果農協を「新専門農協」と呼ぶべき農協と位置づけている[注21]。これらの研究は、青果専門農協による主体的な組織運営と先進的な事業展開に注目しており、温泉青果農協の分析からは、専門農協が総合事業を展開することの意義を指摘しており、本書における、近年における総合農協と専門農協の合併成果の考察に対してきわめて示唆的である。さらに、青果専門農協の運営に携わってきた幸渕文雄は、宇和青果農協の取り組みを自主的運営と積極的な事業展開の視点から整理し、当時、総合農協との合併に至らなかった要因を指摘している[注22]。阿川一美は、愛媛県における果樹農業の発展過程における青果専門農協の役割を整理し、その青果専門農協の存立条件を示し、課題を指摘している[注23]。

　とはいえ、愛媛県において、専門農協と総合農協の事業のあり方に関しては、こうした事業競合問題が生じていた頃の意欲的な追求の後はほとんど議論がみられない。その後の専門農協と総合農協の合併に伴う、営農経済事業における体制と内容が再編されてきた実態と合併後の経営資源の再配分構造に関しては必ずしも明らかにされているとは言えない[注24]。

　本書では、愛媛県内の果樹産地の農協を事例として専門農協と総合農協の

4

合併による営農経済事業を中心とした経営資源の再配分の実態を分析することを通して、専門農協化の方向性に対して実証的に批判を行い、営農経済事業の収支構造改善^(注25)の課題を明らかにする。また、そうした合併により、営農・経済面における専門農協的機能と運営方法を取り込んだ総合農協が、新たな合併農協として地域農業振興のために取り組むべき営農経済事業を含めた事業のあり方を新たな地域農業と地域社会における農協機能として考察する。

２．論理構成

　本書は２編構成をとり、それに課題と論理構成を述べる序章と、愛媛県の柑橘産地の再編論理を整理して今後の地域農業における農協機能発揮の展望をまとめた終章を加える。

　なお、本書における「産地」とは、単なる地理的概念ではなく、生産・販売の意志が統一されている単位を表している。具体的には生産者組織や農協等も産地という概念に含まれる。そのため、本書における産地再編とは、生産量・品種や生産を担う生産者等の生産構造の変化のみではなく、それを変化させた主体として生産者組織や農協等を位置づけ、それらの組織・事業・経営体制の変化も含んだ概念としている^(注26)。

　第１編「果樹産地再編の背景」では、今日的な農協「改革」の構図を信共分離による営農経済事業専門農協化であるとみて、それでは「経済事業改革」で明らかになった事業縮小化であることを改めて指摘する。そして、専門農協と総合農協が合併する形で再編を行ってきた愛媛県の果樹農業の構造と系統農協における組織・事業・経営再編の展開に注目して愛媛県の系統農協と産地再編の整理を行う。

　第１章では、第27回全国農協大会（2015年）の決議内容を、系統農協が取り組もうとしている「自己改革」の方向性と関連させて、「担い手」育成と販売事業を中心に整理し、さらに農業所得の増大を建前として、営農・経済

事業に集中するための事業体制に変革すべく農協「改革」を迫り、信用・共済事業の分離を促す農協「改革」の構図に迫る。農協大会では、農協「改革」を迫る政府側の方針と同様に農業所得（農業者の所得）の増大を目標とし、生産資材価格の引き下げと農産物の有利販売に取り組み、担い手に重点を置いた支援策を行うことが述べられており、その取り組みを営農経済事業への経営資源をシフトすることで実現するとある。とはいえ、その方針は、これまで系統農協が取り組んできた地域農業を面的に捉えて地域農業振興策を策定し、多様な担い手を支援して多くの生産者が販売事業に参加する共同販売の取り組みとはニュアンスが異なる。また、直接的な販売が有利販売に結びつくとは必ずしも限らず、営農経済事業に重点をおいた事業展開は大切であるが、農協経営としてみると、そのバランスには問題がある。それでも連合会の支援を受けて信用・共済事業を軽減化しても経営資源のシフトを進めるという方針内容は、専門農協体制への下準備とも受け止められる内容である。また、農協「改革」の構図として、政策側が、地域社会・経済の環境変化の視点からも信用事業の代理店化を促す方針を示したことで、農協「改革」の最終目標として、農協事業における信用・共済事業の分離にまで導く道筋が明らかとなってきた。それらの過程で営農・経済事業への経営資源のシフトが進められようとしているが、それは、これまでの総合農協における営農経済事業改革の取り組みと事業採算性という実態を全く無視した内容であることを明らかにした。

　第2章では、農協「改革」ならびに自己改革の焦点となっている営農経済事業に対して、その事業のあり方が営農経済事業部門の採算性と関連して問われるようになってきた過程を「経済事業改革」の展開に見て、その動向を整理している。経済事業改革は、「農協のあり方についての研究会」が2003年3月に示した「農協改革の基本方向」で問題視している経済事業改革の遅れに対して、2003年農協大会の決議を経て定められた系統農協全体の方針であり、事業目標と財務目標を明確にして取り組まれた。その過程で営農指導事業の強化も加わって「営農経済事業改革」となるが、国による品目横断的

経営安定対策を進める時期と重なり、系統農協独自の事業目標から国の政策に擦り寄った事業改革へと変化していることを明らかにしている。信用・共済事業の収益で営農経済事業の赤字を補うというこれまでの農協の経営構造は、早晩成り立たなくなるという想定のもとで経済事業の収支改善を図るという当時の問題意識は今日まで維持されている。しかし、経営収支を合わせるための事業の見直しでは、減収減益の事業モデルであり、限りない事業削減につながりかねないとの問題も浮かび上がったことを示している。

　第3章では、愛媛県における果樹農業構造の変化を、主に果樹地帯における農地荒廃化の実態として示している。ここでの農地荒廃化の指標は、耕作放棄地面積の動向ではなく果樹園地面積の推移から類推的に分析している。果樹園地面積の減少が著しい地域は東予の島嶼部を中心に広がっており、南予の海岸線沿いの地域では比較的園地が維持されていた。これは、相対的に価格水準が低い産地において、柑橘類の価格の低迷により、農業経営が成り立たなくなってきたことが主な要因である。その中で、東予と南予別に園地の借地展開と園地減少の関係をみると、水田農業構造とは異なり、借地展開が広範にみられる地域ほど荒廃化が進んでいる。果樹作に関しては、その作目特性にもよるが、農地移動は依然として売買を基本としている。親戚や知人から園地管理を引き受けざるを得ない手段として借地による園地管理を行っている地域で貸借が進んでいる実態が明らかになった。また、地域単位で園地を管理するなどの取り組みも重要であった。その中でも、担い手への園地集積を地域内の生産者の合意をもとに進める共選[注27]単位の取り組みは、地域農業における担い手形成に対する農協機能としても注目されることである。

　第4章では、愛媛県における系統組織再編の中で、信用・共済事業を行っていない専門農協が総合農協と合併し、同時に連合会再編が行われてきた経過を整理している。専門農協は営農指導と販売事業を中心とし、そのすぐれた専門性により事業を展開して経営を維持してきたが、果樹消費構造の変化および農産物輸入自由化による国産農産物市場の縮小化の中で、果樹生産量

の減少と果実の相対的な価格下落により、経営の維持が難しくなり、総合農協と合併する組織統合が行われてきた。その経緯および過程は、それぞれの農協において相違がみられるが、専門農協のスタッフをほぼ取り込んで一時的には営農経済事業の強化につながっている。しかし、中長期的には農協の経営体力とのバランスにより事業が行われ、営農経済部門に経営資源がシフトしているという構造には至っていない現状を統計的に明らかにしている。

　第2編「愛媛県における果樹産地再編の諸形態」では、第1編で明らかにした愛媛県における果樹産地再編の方向性を、具体的に産地再編を行ってきた産地における農協組織・事業の再編と関連して明らかにしていく。

　第5章は宇和青果農協とえひめ南農協の合併を事例としているが、農協合併が2009年と比較的近年であることから、合併するまでに至った専門農協である宇和青果農協の分析を中心としている。柑橘作の拡大期に管内統一共同計算にまで至ったが、その後、共選ごとの集出荷販売体制となり、各共選の独立採算制と宇和青果農協本部による販売調整と資金対応で産地を支えてきた。しかし、柑橘類の価格の低迷により、販売取扱高の減少による収益の減少に加えて、管内の施設運営や加工事業に関する運転資金の確保と新たな施設投資における外部機関からの借入金における利子負担が農協経営を圧迫した実態を明らかにしている。信用事業を有していないための資金調達面での専門農協の限界性が露呈したのである。営農指導費や施設等の運営費は組合員における応益負担を原則とし、組合員の協力により自主的な展開を行ってきたが、柑橘類の価格の低迷と施設の大型化により、そうした自助努力のみでは経営的に限界に至ったのであり、総合農協との合併によりその機能を継承している。

　第6章は、東宇和農協における明浜共選を事例として、果樹産地の再編と農協機能を考察している。明浜共選および明浜共選がある地域の総合農協である明浜町農協は、従来は第5章でみた宇和青果農協の管内であったため、宇和青果農協が宇和島地区との合併を計画している段階においては、そちらへの合併を予定していた。それが1996年の段階で実現しなかったため、従来

通りに明浜共選は宇和青果農協への出荷を行い、明浜町農協はどこにも合併しないで共選を支える位置を選択した。しかし、その後、明浜町農協が宇和島地区とは異なる隣接する東宇和農協との合併を行ったことにより、1999年に明浜共選は宇和青果農協から脱退して、東宇和農協の青果部として位置付くことになる。そうした体制下でも、しばらくは従来の共選独自の運営方針を続け、総合農協と合併したことによる内部資金の利用による組合員負担の軽減が図られている。また、販売事業に関しては、共選単位で独自の対応が必要となり、卸売市場への出荷を中心としつつも、仲卸業者や量販店との直接的な取り引きを重視した展開をみせ、一定程度の個人販売も認めている。このように、明浜共選は総合農協の中でも共選単位の柑橘産地として、総合農協の資金的支援を受けつつも自主的な展開が注目された。

　第7章は、西宇和農協を事例としているが、この管内は専門農協である旧西宇和青果農協の管内である。管内には地区ごとに共選があり、そこが独自の小マークを有して販売を行っており、その各地区単位では共選を中心とし、支部や総合農協の組織・事業的協力のもと、自主的な集出荷販売体制を構築していた。旧西宇和青果農協は、管内全体を対象とした営農指導と出荷販売の調整を主な事業としており、専門農協と総合農協の棲み分け的分担が行われてきた。そういった体制をそのまま引き継ぐ形で農協合併が行われており、各地区における総合農協が西宇和農協の支店になったことで、地区の拠点として共選の相対的位置付けが向上し、むしろ共選の独自性と結集力が強化したともみられる。合併前からの共選の運営体制と費用負担も継続され、農協事業として農業関連事業の事業利益がプラスであるなど専門農協的性格を強く継承している。しかし、農業関連事業の黒字のみでは営農指導事業の経費は賄えず、2000年代前半の柑橘価格低迷期には販売取扱高が減少し、営農指導員の減少にもつながった。近年は、本所を中心とした全体的な販売促進活動の展開と労働力支援活動など新たな営農経済事業への取り組みを強化しており、その費用増加への対応も含めて、農協全体として共選および柑橘産地を支える体制が確立している。

第8章は、えひめ中央農協管内における農協合併を契機とした果樹産地再編の実態を明らかにしている。えひめ中央農協は、1999年に12農協が合併に参加して設立されたが、そのうちの3農協は、かつての青果連に加入していた青果専門農協であり、農協単位としてみると柑橘産地が3つ存在していたことになる。それを合併後に1つの産地として、銘柄統一への取り組みを行うこととなる。まず、陸地部にあった旧温泉青果農協と旧伊予園芸農協がマークを統一し、3年後には島嶼部にある旧中島青果農協もマークを統一している。総合農協との合併を契機とした銘柄統一は、愛媛県内の柑橘産地としてみると特殊であるが、旧温泉青果農協における銘柄統一と農協としての共選運営を基本として、合併農協としての販売戦略が行われたためであり、柑橘品種構成が多様化していることから、共選（地区）単位よりも品目単位の生産者組織の機能が重視されていたためである。とはいえ、島嶼部である中島地区は共選単位の運営であり、従来の銘柄への思い入れも強く、銘柄統一に賛同しかねる生産者の農協共販からの離脱もみられた。その後、差別化戦略の1つとして旧銘柄の復興や地区ごとの柑橘作目振興の特徴を活かした農業振興策定など、共選単位としての産地運営にも一定の対応がみられるようになっている。農協合併により経営資源の有効利用と有利販売を目的とした販売銘柄統一という側面と生産販売単位としての共選を中心とした産地運営への組合員参画のバランスを考える点で示唆的である。

　第9章は、専門連である越智園芸連と総合農協が合併した越智今治農協を事例としている。柑橘生産拡大期においては、越智園芸連として管内を1つの産地とした選果場の整備と共同計算体制を構築している。しかし、その後の柑橘作過剰下においては、越智園芸連の経営問題も要因となり、多くの営農指導員を独自に揃えることが難しくなり、各農協への転籍が進む。そのことも起因し、販売面における差別化商品戦略や品種更新などは、各農協・共選の単位で独自に取り組まれるケースが主流になってきた。合併は、そうしたタイミングの時期に行われ、越智園芸連は越智今治農協に包括継承されることとなる。そのため、果樹生産販売面においては、合併時における大きな

変化はみられない。とはいえ、その後、1つの農協となったため、柑橘作の減少に即して6カ所の共選体制を3カ所まで再編し、さらに2カ所への統合を計画している。その過程で、品種毎に対応する選果場を整理し、従来は旧農協・共選単位での差別化商品であったものを管内全体を対象とし、管内を1つの産地とする展開を強めている。また、越智今治農協は、地域農業の構造変化に対応し、小規模農家等の出荷先確保のため直売所開設と耕作放棄地防止および労働力支援のために農協が直接的に営農支援を行う取り組みを開始し、営農経済事業の新たな柱としている。さらに、高齢化する地域社会への対応として生活福祉事業の展開も強化している。こうした取り組みが組合員と地域の支持を受け、准組合員の拡大につながり、一方で農協経営を支えている。

　終章では、愛媛県を中心とした分析から果樹産地の再編構造をまとめるために、共選単位の機能、共選と青果専門農協との関係、総合農協との合併における農協経営構造の変化に注目して再整理を行う。共選による自主・自立の運営は、生産者による組織・事業面における直接的参画を伴った主体的運営のみではなく、共選に係わる経費のほぼ全てを生産者が自賄いで行う経営・経済的な自立に裏付けられたものであった。そのことが柑橘ブランド形成にも関係していた。しかし、その後、生産の減少、相対的な価格下落、設備の高度化等による生産者負担のみによる共選運営の限界を背景とし、青果専門農協と総合農協の合併により共選単位の統合化が進む方向で産地体制に変化が見られてきた。そこでは、共選運営や農協事業の効率性が重視されつつある。とはいえ、今でも産地により、事業の主体性の面で共選単位か農協単位かではせめぎ合いがみられ、共選単位の産地結集力と事業効率のバランスが常に追求されているのが今日の再編段階である。また、青果専門農協は、総合農協と合併することを通して、専門農協のすぐれた営農指導と販売事業を総合農協の中に組み入れ、地域農業振興機能を引き継いできた。その事業体制の変化および地域農業と地域社会に対応した新たな農協機能のあり方を考察する。ここでは、地域農業の担い手が減少する中における新たな農協の営

11

農経済事業機能発揮と地域社会対応の必要性からも総合農協としての農協の事業展開の重要性を示すことで、今日における総合農協の専門農協化を促す議論に対して実証的に問題点を指摘して本書の課題に迫る。

注
（注１）この点に関しては、第１章を参照。
（注２）田代洋一『農協改革・ポストTPP・地域』筑波書房、2017年、参照。
（注３）日本農業新聞「新世紀JA研究会」2016年12月20日、また、これへの反論としては、青柳斉「信用事業分離論と総合農協経営の展望」増田佳昭編著『制度環境の変化と農協の未来像』昭和堂、2019年、参照。
（注４）増田佳昭『前掲書』では、2016年に施行された改正農協法がめざす農協の未来像を「農業者の運動組織の性格を喪失した経済専門農協」と規定している。
（注５）この点に関して同様の指摘は、松岡公明「JA自己改革白熱講義」『家の光』2019年３月号、村田武「「金融は農協の本業ではない」とする大誤解をはねかえそう」『JA教育文化』Vol.65、2019年９月、などでもみられる。
（注６）小倉武一・打越顕太郎監修『農協法の成立過程』協同組合経営研究所、1961年、参照。
（注７）武内哲夫・太田原高昭『明日の農協』農山漁村文化協会、1986年、参照。
（注８）桑原正信監修、若林秀泰編『講座　現代農産物流通論5　流通近代化と農業協同組合』家の光協会、1970年、参照。
（注９）『農業協同組合制度史2』協同組合経営研究所、1968年、参照。
（注10）小倉武一監修『総合農協と専門農協』不二出版、1964年、参照。
（注11）太田原高昭『新　明日の農協』農山漁村文化協会、2016年、参照。
（注12）麻野尚延「連合会再編の到達点と課題」小池恒男編著『農協の存在意義と新しい展開方向』昭和堂、2008年、藤田久雄「農協系統組織再編と経済連の位置」『北海道大学大学院農学研究院邦文紀要』第35巻第１号、2017年、小池恒男・津田将「農協の経済事業と連合会組織のあり方」増田佳昭編著『前掲書』、参照。
（注13）小松泰信「１県１JAの動きから新たなJA像を考える」『農業と経済』第85巻第７号、2019年７月、参照。
（注14）本書では、「青果専門農協」を旧愛媛青果連の会員であった農協の総称として用いる。具体的には、表4-4に示した農協であり、事業的に見ると信用事業を実施している農協もあり、専門農協か総合農協かという点では分類的には総合農協である農協も含まれる。つまり、信用・共済事業を兼営しない農協の組織・事業・経営展開という一般的意味合いのみではなく、主に青果専門農協のそれを示す。性質的には、「農産物の生産、販売、加工、指導事業を行うために、役職員及び組合員が同志的結合組織、機能集団として専門機能

を追求し、応益配分、応分負担を原則として、自己完結型の事業運営を行う」（幸渕文雄『戦後のみかん史・現場からの検証』2002年）という意味を有する。

（注15）愛媛県における果樹作は大部分が柑橘類であるが、桃、梨、キウイフルーツなど柑橘類以外の果樹作もあり、青果専門農協では野菜作を取り扱っていた農協もある。本書では、果樹作と柑橘作を可能な限り使い分けて行うが、ほとんど同様な意味として取り扱っている部分もある。

（注16）この点に関しては、第4章を参照。

（注17）坂内久『総合農協の構造と採算問題』日本経済評論社、2006年、参照

（注18）麻野尚延「専門農協化は農協改革か」『農協経営実務』第61巻第11号、2006年10月、でも同様の指摘がみられる。

（注19）若林秀泰『ミカン農業の展開構造』明文書房、1980年、参照。

（注20）大原純一「ミカン農業と専門農協のマーケティング機能」桑原正信監修、農業開発研修センター編『現代農業協同組合論3　農協運動の課題と方向』家の光協会、1974年、大原純一『農協共販の理論と現実』明文書房、1979年、参照。

（注21）麻野尚延『みかん産業と農協』農林統計協会、1987年、参照。なお、麻野尚延が温泉青果農協を「新専門農協」と規定したのに対して、藤田教（愛媛県農協中央会（当時））は、農協の事業構造からみると、性質的には「新総合農協」ではないかと提言していた。

（注22）幸渕文雄『戦後のみかん史・現場からの検証』、2002年、参照。

（注23）阿川一美『果樹農業の発展と青果農協』1988年、参照。

（注24）林芙俊「専門農協の組織再編と共選組織の存立意義」『北海道大学農経論叢』第59集、2003年7月では、愛媛県内を事例として農協合併後の販売事業の展開を整理しているが、総合農協との合併により変化した点に注目した分析は見られない。

（注25）田代洋一『農協改革と平成合併』筑波書房、2018年、品川優「カット野菜ビジネスにみるJAさがグループ連携」『農業と経済』第85巻第7号、2019年7月、小林国之「地域とともに未来を描く－北海道の農協」『農業と経済』第85巻第7号、2019年7月、参照。

（注26）この点に関しては、麻野尚延『みかん産業と農協』農林統計協会、1987年、p.23参照のこと。

（注27）共選とは、共同選別（選果）の略であるが、特に愛媛県の果樹地帯では、地域単位における共同選果場の場所、施設、組織単位を表す「共選場」「共選施設」「共選組織」を表す語句として用いられる。その共選単位に生産者が結集し、自ら共選運営に参加することを通して、出荷・販売先の決定など流通面のみではなく、生産計画、施設・組織運営のルール等を定めており、かつての「専属利用契約」もこの単位のルールであった。そこで、本書では、固有名詞ではない限り、共選に関連することがらについて、総称して「共選」という語句を用いることとする。これに関しては、大隈満「かんきつ共選組

織の現代的機能と今後の課題」村田武編『地域発　日本農業の再構築』筑波書房、2008年を参照のこと。

第1編

果樹産地再編の背景

第1章

農協「改革」の構図と系統農協の対応

1．「農業者の所得増大」の意味と第27回全国農協大会の課題

　今日の農協は、第27回全国農協大会（2015年）の決議で重点課題と位置づいた「農業者の所得増大」「農業生産の拡大」を実践するため、これまで以上に農業関連の事業に重点を置いた事業展開に取り組んでいると見られる。「農業者の所得増大」という課題は、第25回全国農協大会（2009年）においてすでに「新たな生産・販売戦略による農業所得の増大」として掲げられている。さらに遡れば1960年代の営農団地構想においても農業所得の向上は農協の事業目標に入っており、そもそも農協法の目的は農民（農業者）の経済的地位の向上である。しかし今日のそれは、政府による「農林水産業・地域の活力創造プラン」（2013年決定、2014年改訂）の基本的考え方の中心にあり、それに応えた形になる系統農協側からの「JAグループ営農・経済革新プラン」（2014年）の中で基本目標として「わが国の食と農の価値の創造による農業所得の最大化」として明記されていることと関係がある。そして、2015年の農協法改正で「農業所得の増大に最大限の配慮」として法制化されるに至っているのである。

　第27回全国農協大会決議では、「農業所得」ではなく「農業者の所得」としており、政府の方針とは一線を画しているとの意見もあるが、農業者の所得とは農業所得、農産物加工・レストラン等による農業生産関連所得、農外所得の合計である。「農業生産の拡大」と並行した記述であることから、あくまでも農業所得と関連産業での所得としての「農業者の所得増大」を目標としているとみられるが、それを地域農業の課題に即して具体化することを

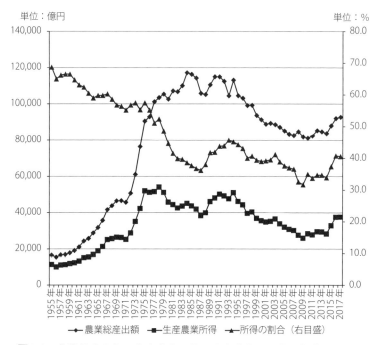

図1-1　農業総産出額・生産農業所得，生産農業所得率の推移

資料：生産農業所得統計

　自らに課したという点できわめて重たい課題である。
　図1-1は、農業総産出額と生産農業所得および農業総産出額に占める生産農業所得の割合の推移を示したものである。農業総産出額は1984年における11兆7,171億円をピークに減少し、2001年からは8兆円台で推移していた。生産農業所得は1978年の5兆4,206億円をピークとし、1987年には3兆8,352億円まで減少したが、その後、円高等による生産資材価格の低下等により農業の交易条件が一定程度改善されたため1991年と1994年には5兆円台にまで回復した。しかしその後は減少を続け、2009年にはピーク時の半分以下の2兆5,946億円にまで落ち込んでいる。生産農業所得の割合も低下傾向にあり、2009年における31.7％は、1990年代後半と比較しても10ポイントほどの大き

な低下である。とはいえ、この間に農家戸数も大きく減少しているため、農家一戸当たりの農業所得の推移としてみると、横ばいで推移している^(注1)。

　近年における農業所得の動向で注目すべきは2010年からのそれである。2010年は農業総産出額が前年より減少しているにもかかわらず生産農業所得は9.4％の大幅な増加であり、生産農業所得の割合も35.0％に回復している。これは、言うまでもなく戸別所得補償政策による直接所得補償が行われたためであり、2010年は米に対するモデル事業であったため、東北や北陸の稲作地帯での生産農業所得が大幅に増加している^(注2)。戸別所得補償制度への参加と水稲生産調整の参加をリンクさせたことにより、需給バランスが改善されたこともあるが、東日本大震災の影響もあり、2011年と2012年は米価が一定水準に回復し、農業総産出額も回復している。しかし、戸別所得補償制度による米価変動補填交付金は2013年産米より廃止され、直接所得補償交付金は2014年から10a当たり１万5,000円から7,500円に半減されており、2018年からは廃止されている。こうした政策変化の中で、民間在庫の増加により2014年産米価が大幅に下落したことも要因し、2014年における生産農業所得は前年比マイナス3.7％の２兆8,319億円であり、農業総産出額に占める生産農業所得の割合も0.8ポイント低下して33.9％になっているが、戸別所得補償があるため、2008年と2009年より高位である。ちなみに、その後、2015年からは全般的な農畜産物価格上昇に伴う総産出額の上昇により、農業所得率は2016年から２年続けて40％台である。

　農作業の機械化と経営規模の拡大により、家族経営における自家労働の裁量による範囲は限定的にならざるを得ないのが今日的農業経営の環境であり、生産農業所得率が低下するのは必然的傾向である。それを、一定程度に維持するためには、先に示した**図1-1**の動向とその変動の要因からも分かるように、交易条件の改善と直接的な所得補償が必要であるとみられる。その目的達成のための手段として、第27回全国農協大会では「担い手経営体のニーズに応える個別対応」、「マーケットインに基づく生産・販売事業方式への転換」、「付加価値の増大と新たな需要開拓への挑戦」、「生産資材価格の引き下げと

低コスト生産技術の確立・普及」、「新たな担い手の育成や担い手のレベルアップ対策」、「営農・経済事業への経営資源のシフト」、「自己改革の実現を支える経営基盤の確立」の7つの重点分野を定めている。農畜産物の有利販売を通して単価アップを図り収益を拡大し、担い手に絞った生産基盤の体制を整えることでコスト削減も可能となり、農業生産所得を拡大することが可能としている。また、新たな需要拡大には6次産業化による付加価値増大や輸出への取り組みも含まれており、政府（安倍政権）の成長戦略そのものである。しかも、系統農協は営農経済事業に経営資源をシフトしてでも取り組むと明記している点が注目される。

　このように考えると、「自己改革」の目的も問われなければならないが、ここでは、「営農・経済事業への経営資源のシフト」と関連して、担い手対応と販売事業のあり方に関して、大会決議の内容を検討する。

２．第27回全国農協大会に見られる農協の「担い手」像と販売事業

（１）担い手対応の課題

　第27回全国農協大会では、組合員類型（正組合員）を3タイプに分類し、①担い手経営体、②中核的担い手、③多様な担い手、としており、①は、大規模主業農家、大規模農業法人、集落営農法人、②は、主業農家、農業法人、集落営農組織、新規就農者、③は、準主業農家、副業的農家、自給的農家、定年帰農者と営農形態では整理している。第26回全国農協大会では、「担い手経営体」と「多様な担い手」の2種類であったが、第27回全国農協大会では「多様な担い手」が2つに細分化されたかたちで、「担い手経営体」を際立たせ、それへの対応を重視する姿勢を鮮明に示しているとみられる。

　大会決議には、その「担い手経営体」への対応に重点をおいた支援のあり方が述べられており、個別対応の面ではTAC体制（注3）の充実による出向く体制の強化が示されている。とはいえ、TAC体制を導入していない農協が半分以上存在するために、その体制整備のためのサポートとTAC体制が確

立していない農協管内への対応という点で、県域や全国域でサポート体制を
整備することとしており、これまで以上にTAC体制重視の姿勢が貫かれて
いる(注4)。

　また、新たな担い手育成についても、その募集から研修、就農、定着まで
の一貫体制の必要性が述べられている。その支援体制を系統農協として確立
することを基本としており、JA出資型農業法人の役割も位置づけられている。
JA出資型農業法人の近年の事業内容に農業研修が急増しているように、新
たな担い手育成における系統農協の役割は重要である。しかし、決議にもみ
られるように、行政などの諸機関との連携も必要であり、系統農協としての
スタンスを明確にする必要があろう。

　全体としてみると、第27回全国農協大会決議は担い手経営体に対する個別
対応に力点をおいているとみられるが、地域農業戦略（地域農業振興計画）
策定にあたっては、第26回全国農協大会決議でも述べられているように、集
落や支店単位の「地域ビジョン」の明確化など地域農業を面的に把握するこ
とが必要になる。そのためには、中核的担い手、多様な担い手も地域農業を
支える重要な担い手として位置づける必要がある。これまでどちらかという
と農協利用が少なく、農協と疎遠になりかけていた大規模農業経営体を地域
農業戦略（地域づくり）に加えるための担い手経営体対応は重要な課題であ
るが、あくまで地域農業を面的に発展させるビジョンを明確にもつことが農
業協同組合としての担い手対応の課題であると考えられる。

（2）販売事業のあり方と農協共販

1）農協における系統利用率の低下・販売手数料率の上昇

　図1-2は、農協の青果物販売における系統利用率と販売手数料率の変化を
示している。農協合併の当初の目的として、連合会に依存しない販売体制の
確立があると言われたが、図1-2でも確認できるように、1990年代は高い系
統利用率が維持されてきた。

　しかし、2000年代になると低下傾向が明確となり、近年は停滞的ではある

単位：%　　　　　　　　　　　　　　　　　　　　単位：%

図1-2　農協の青果物販売事業における系統利用率・販売手数料率・共販率の推移

資料：総合農協統計表、生産農業所得統計
注：系統利用率＝系統利用高／当期販売取扱高、販売手数料率＝販売手数料／当期販売取扱高、
　　共販率＝当期販売取扱高／農業総産出額（青果物）、である。

が、1990年代と比較して10ポイントほど低下している。これには１県１農協
への農協合併により連合会と農協が一体化した県のデータが反映されている
点もあるが、全般的に農協による独自販売が実需者への直接販売として展開
しつつあることが背景にあるとみられる^{（注5）}。また、農協段階における直売
所の展開も系統利用率の低下の数値に反映されているとみられる。

　このことは、販売手数料率の動向とも関係しており、図1-2から分かるよ
うに、２％前半で変化が見られなかった販売手数料率が2000年代前半から急
上昇している。この期間は系統農協が「経済事業改革」^{（注6）}を推進していた
時期であり、販売事業としての採算性が指摘されていたことから販売手数料
率を上げる農協もみられるが、農産物価格が低迷し農家経済が苦しい中では

組合員からの反対も強く、そうした農協は限定的であった。それでも 1 ポイント近く上昇している要因は、直売所の広範な展開と実需者との契約販売に対応した直接的販売を、買取販売などの形で実施した結果として、名目上の手数料率の上昇ではないかと考えられる^(注7)。

2）農協共販の動向と直接的販売の効果

　こうした農協段階における販売事業の展開にもかかわらず、**図1-3**からもわかるように、極端ではないが農協共販率は低下している。農業総産出額と農協の販売取扱高からの推計ではあるが、2017年度は50.1％にまで低下し、共販率が50％を超過した1976年度以降では、最も低い水準であり、大規模経営体における農協販売事業利用率の低下等が指摘されている^(注8)。問題は、農協段階におけるこうした販売事業の展開と農協共販率、農業所得の関係である。すなわち、農協独自による買取販売や契約取引などの、ある面での積極的な販売事業展開が共販率と農業所得の維持・向上に連動しているかどうかである。

　厳密な数値を示すことはできないが、傾向的に都市近郊の都府県で共販率の向上につながっているという多少の相関傾向が見られる^(注9)。しかし、それらの都府県はもともと共販率が低いことや消費地に近いことから、買取販売や契約取引の実施および直売所の展開による効果が高く出る傾向にある。そのため、そのことをもって直接的販売が系統農協の販売のこれからのあるべき方向性であるということには無理がある。他方、農協と生産部会の協力のもと産地形成を進め、共販率が高い遠隔産地においては、各県ごとに傾向はまちまちであり、連合会の機能による影響も大きい。

　契約取引（買取・直販）を推進するのであれば、こうした農協段階の販売事業動向の変化と農協販売取扱高や共販率の関連を検証する必要がある。この点と関連し、**図1-2**と同様の数値を米に関して示したものが**図1-4**である。系統利用率の急激な低下と販売手数料率の上昇にみられるように、青果物以上に農協段階による独自な販売展開が行われていることを確認できるが、

単位：億円　　　　　　　　　　　　　　　　　　　　　　　　　単位：%

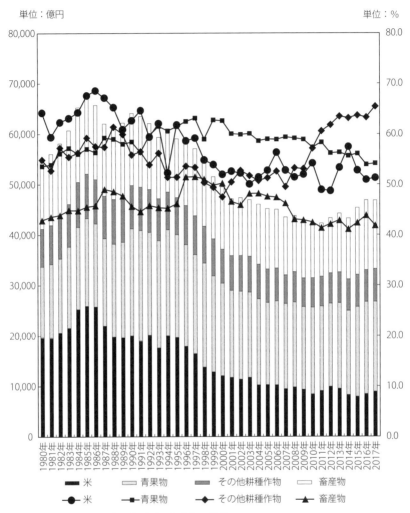

図1-3　農協の販売取扱高と共販率の推移

資料：生産農業所得統計、総合農協統計表
注：1）折れ線グラフが共販率であり、右目盛である。
　　2）共販率は、当期販売取扱高／農業総産出額、である。

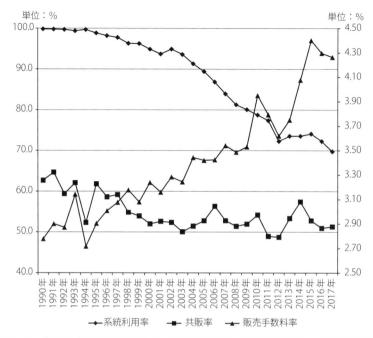

単位：%

図1-4 農協の米販売事業における系統利用率・販売手数料率・共販率の推移

資料：総合農協統計表、生産農業所得統計
注：図1-2と同様である。

2000年代における米販売の実態は、販売単位ごとの安売り競争が展開しており、農協間でもその傾向がみられる。そのことへの一定の見直しから、ここ数年の系統利用率は下げ止まりとなっている。また、**図1-4**からみると、米の共販率は、全国的に米価が低い水準の年に高く、米価が高い水準の時に下がる傾向も読み取れ、米価の下支え機能と生産者の販売先の確保という点での農協共販が重要な機能を果たしているともみられるが、全体的に共販率の低下傾向がみられる。

　結局は、農産物全体の需給対策、系統農協組織全体としての対応、農協段階における生産者の結束力を抜きにして全体の販売メリットは得られないことを米の販売事業は示唆しているのではないかと思われる。

3）農協における販売事業の課題

　消費者や実需者の要望を受け止め、生産や販売対応に取り組むことは絶対的に必要なことではあるが、要望に応えるのみでは食品産業等への原料を供給する製造業者と同じであり、地域農業を基盤とした協同組合組織としての農協が販売事業に取り組まなければならない必然はなくなる。結びつきを強めると同時に、個別単位ではなく地域単位での生産段階のこだわりや要望を取引条件に活かせる仕組み作りが必要なのではないだろうか。そのためには、系統農協組織としての交渉力や農協段階における生産部会への結集力が基本であり、多くの組合員が農協の販売事業に参加できることがベースになっていなければならない。これまでの系統農協組織が取り組んできた共同販売の意義をあらためて見直して、農産物生産に関するこだわりを正確に消費段階に伝えると同時に、産地段階においては多くの生産者が販売事業に関わる事ができることを包含した協同組合運動であることの重要さ、さらには食料の安定供給という社会的にも重要な取り組みを農協の販売事業が有していることを示す必要がある [注10]。

　そういった点で、農協のファーマーズマーケットの取り組みは、従来のいわゆる共同販売とは異なるが、多くの生産者が参加できて、生産段階のこだわりが正確に消費者に伝わる販売事業になっているとみられる。だからこそ絶対的な差別化戦略にもなっており、消費者の高い評価が続いているのではないかと思われる。大会決議においても、当初の地産地消の拠点としての位置づけから販売の拠点としての位置づけになっており、ファーマーズマーケットという形態に注目するのみではなく、農協の販売事業のあり方を考える上での現在のファーマーズマーケットの評価の意味を検討する時ではないかと考えられる。農産物加工や6次産業化による付加価値向上の取り組みもこうした次元での取り組みが求められているのではないだろうか。

3．農協の総合採算性と「営農・経済事業への経営資源のシフト」

（1）農協の営農経済事業面の縮小と支店重視の方針

　営農経済事業改革に関しては、第2章で詳しく述べるが、2003年「農協の
あり方についての研究会」が取りまとめた「農協改革の基本方向」に基づい
て、同年の農協大会で取り組むことを決議した改革である。その成果に関し
ての系統農協としての総括は、経済事業の収支改善・改革実践の必要性につ
いての関心を高め、次なる改革に活かされる準備ができた[注11]と前向きの
評価が見られるが、コストを削減して事業利益を確保するための改革であっ
たという見方が主流であるとみられる。

　表1-1に示したように、営農経済関連の職員数はこの間に大幅に減少して
いる。営農指導員に関しては、2000年代後半から一定数を維持しているが、
図1-5に示したように、部門別にみると経営担当やその他担当は増加してい
るが、作目担当であるいわゆる技術指導員は減少している[注12]。また、営
農指導員の配置では支店・支所への配置が減少し、営農センター等の事業所
配置が増加している[注13]。支店・支所が統廃合されてきたことと、そこが

表 1-1　農協職員の担当業務別職員数の変化

単位：農協数、人

	集計農協数	職員合計	うち営農指導員	信用	共済	購買	販売	指導	その他	うち管理
1985年	4,242	297,095	19,001	78,169	19,904	98,319	19,299	22,719	58,685	
1990年	3,591	297,459	18,938	77,187	22,866	68,836	19,299	22,603	56,668	
1995年	2,457	297,632	17,242	75,806	28,491	98,030	19,686	19,973	55,646	
2000年	1,424	269,208	16,216	69,234	33,838	79,720	17,905	18,327	50,184	
2005年	886	232,981	14,385	61,290	38,686	58,539	16,493	15,566	42,407	
2010年	725	220,781	14,459	58,647	40,126	46,986	16,443	15,917	42,662	
2015年	686	204,516	13,893	55,776	38,452	38,138	15,968	15,364	40,818	20,934

資料：総合農協統計表

単位：人

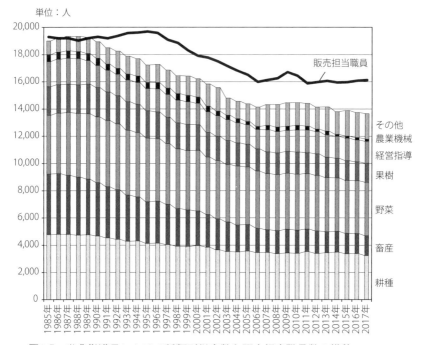

図1-5　営農指導員における種類別従事数と販売担当職員数の推移

資料：総合農協統計表

注：畜産担当職員数には養蚕担当職員数を含む。ただし2006年まで。

金融店舗として特化してきたためであり、こうした反省から第26回全国農協大会では、支店重視の方針が示されたのではないかと思われる。しかし、営農経済事業体制を再編して支所単位に営農経済担当の職員を再配置したという農協はほとんどないとみられる。

　「経済事業改革」における財務目標は、農業関係の経済事業は共通管理費配布前での収支均衡であり、それは全体としては達成していたが、**図1-6**に示したように財務の十分な改善には至っていない。全体的にみると共済事業の収益悪化がみられ、信用事業依存の体質は強まっているとみられる。

単位：10億円

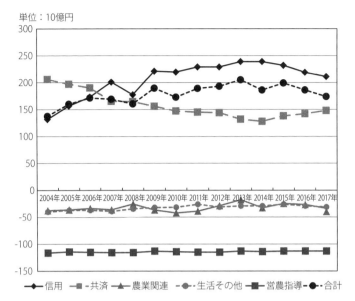

図1-6　農協の部門別事業利益の推移

資料：総合農協統計表

（2）「営農・経済事業への経営資源のシフト」と営農経済事業の位置づけ

　第27回全国農協大会決議では、「営農・経済事業への経営資源のシフト」として、営農・経済事業部門に関わる人材育成を強化し、そこに厚い人員配置を図ると明記されている。「農業者の所得増大」と「農業生産の拡大」を達成するための実質的な体制を整えるためであると見られ、連合会機能も総動員して人材育成や職員OBなどの積極的な登用を図ることも述べられている。また、単位農協では問題となっていた営農指導員の人事ローテーションに関しても言及されている。こうした方針を示すことは、営農経済事業分野の人員不足や組合員からの要望に応えるという点では重要な取り組みになると思われるが、これまで縮小してきた営農経済事業分野の機能強化を図ることは容易な事ではないと思われる。

　特に経営的な裏付けに関して、営農経済事業分野の収益の問題や信用・共済事業の収益との関係性について十分な指摘が明記されていない点が気になるところである。信用・共済事業に関しては、連合会による事務合理化や効率化による農協の事務負担の軽減によって営農経済事業の体制強化を支援するとの指摘であり、「自己改革の実践を支える経営基盤の確立」の部分では、農協による目的積立金の造成や経営管理の高度化や合併構想の実現等を通じた体制整備による経営基盤の確保を図るという言及の仕方である。これは、規制改革会議などで指摘されている信用・共済事業の分離を意識したのではないかとも読み取れる。総合事業による安定的経営基盤の確保と言いつつも、信用・共済事業を分離した営農経済事業のみによる専門農協的な体制への転換を図るための下準備を進める方針と考えることもできる。特に、農協の営農指導事業は、農協事業の第一に位置づいているとはいえ、財政的基盤を有していないため、農協経営全体のバランスの中で体制を整備して行かざるを得ないのである^(注14)。そのための取り組みは、各農協管内の地域農業の課題や農協経営の状況、地域行政機関との協力関係など様々な条件により異なるが、それぞれで創意工夫を行って営農指導体制を充実していかなければならない。

　第28回全国農協大会では、2016年度から2018年度にかけて、多くの農協が営農経済事業部門に経営資源を優先的に投入^(注15)して、一定程度の成果を上げているとみつつも、農協の経営収支としては厳しくなることが想定されると冷静な分析も行われている。そのため、営農経済事業を重視した自己改革を継続すると述べつつも、具体的な営農経済事業の強化という点では、営農経済事業実施体制の強化として職員のレベルアップに主目的を移行している。具体的には、広域化する農協管内に対する営農経済事業体制の再編制を、これまで以上に「営農センター」等に職員や施設を集約化する方向で進め、専門的スタッフの育成と効率化に努めることが企図されている。そして、営農経済事業の収益力向上のために、赤字幅の圧縮や黒字幅の拡大などの経済事業の目標値を設定して、その実現をめざすとしており、事業モデルの展開

を課題としている。この方針は専門農協化を前提としたものではないが、部
門毎の採算性を重視する方向を強めることにはなるとみられる。

4．農協「改革」の構図と農協法改正

（1）規制改革会議による提言と系統農協の方針

　農業協同組合法等の一部を改正する等の法律（以下、改正農協法）（2015
年成立、2016年施行）は、2014年5月に提起された規制改革会議・農業WG
による「農業改革に関する意見（以下、「意見」）」における「農業協同組合
の見直し」でほぼ方向づけされたと言ってよい。

　しかし注目すべきは、その「意見」が提起される直前の2014年4月には系
統農協が「JAグループ営農・経済革新プラン（以下、「革新プラン」）」を示
しており、同じ時期に経団連とJAグループの実務代表者による検討結果と
して「活力ある農業・地域づくり連携強化プラン」を発表している点である。
「革新プラン」は、農業構造や流通構造等が急激に変化する中で、系統農協
が将来にわたって「食と農を基軸に地域に根ざした協同組合」としての使命
と役割を果たしていくため、新たな時代を見すえた明確なビジョンとしての
自主的な改革案としてまとめられたものであり、第26回全国農協大会（2012
年）決議を実践する中での環境変化への対応として、特にこれから必要な事
業改革・組織対応事項を重点化し、その実践を加速化していくものとして取
りまとめたとされている。つまりこれまでの取り組みを加速化するために、
自ら改革の方向性を示したという点を強調している[注16]。

　とはいえ、これらを取りまとめた背景には、言うまでもなく2013年12月に
政府（安倍政権）が進めるアベノミクス農政の方針として示した「農林水産
業・地域の活力創造プラン（以下、「創造プラン」）」があり、その中で言及
されている「農業の成長産業化に向けた農協の役割」に促された側面は否め
なく、規制改革会議が具体的な内容を検討して2014年6月に取りまとめを発
表するスケジュールを勘案したものでもある。つまり、系統農協側としては、

政府が進めるアベノミクス農政の方針として示された「創造プラン」で提起された農協改革に忠実に応え、規制改革会議の議論に先行して方針を示したものとも読み取れるのである。

　「革新プラン」には、このように発表された経緯にも問題を有するが、内容的にも「意見」に通じるところがあり、協同組合的な事業展開や組織運営の縮小化を企図しているのではないかと受けとめられかねない内容が散見される。

　1つは、担い手経営体のための農協の営農指導・販売事業のあり方に記述が集中していることがあげられる。企業の農業参入を前提としている「創造プラン」とは一線を画しているとはいえ、「革新プラン」においても、担い手経営体を意識した営農面と販売面の具体的施策の数々が、TAC等の専任指導員の拡充などの形で提起されている。さらに、担い手経営体の意志反映の強化と経営参画の促進など、組織運営やガバナンスのあり方にまで関連する内容がみられる。この点は、理事会構成のあり方を明記した改正農協法につながっている。

　2つは、販売事業についてであり、これまでの産地づくりや共同販売の意義についてほとんど言及されずに、小売業や加工業者等の食品産業界に貢献するために農協の販売事業があるかのごとき内容になっている。つまり、これまでの産直運動の評価や協同組合間協同としての生協等の位置づけはみられずに、農家の所得向上のための販売事業改革として契約取引（買取・直販）や経済界との連携が強調されているのである。この点も非営利組織としての農協から農業所得の増大のために儲ける組織としての農協を前面に出した改正農協法につながっている。

　こうした協同組合的な事業展開と組織運営の縮小化を自ら宣言したとも受けとめる「革新プラン」の内容は、規制改革会議にも巧みに利用されているとも考えられる。そのため、系統農協は、「革新プラン」を示すことで規制改革会議の「意見」を先取りするつもりであったその見積もりは見事に崩された形となり、再度の農協「改革」を求められることになる。その結果が「JA

グループの「自己改革」について」（2014年11月）であり、農協法改正と第27回全国農協大会決議につながっている。理事会構成の見直しや信用・共済事業の業務を連合会に移管する点などは、直接的表現としては見られないにせよ、すでに「革新プラン」の中で浮かび上がっていたのである^(注17)。

（2）農協法改正と農協「改革」の構図

　改正農協法案の策定に当たっては、中央会をとるか准組合員をとるか、つまりは、公認会計士監査を受け入れるか准組合員利用規制を受け入れるかの二者択一を系統農協側に迫り、系統農協側としては農協の経営から考えて准組合員の利用規制を受け入れる訳にはいかないので、准組合員利用規制の先延ばしをし、全中の一般社団法人化と農協の公認会計士監査への移行を受け入れることで内容が決定したと言われている。しかし、前述したように、農協法改正は規制改革会議での「意見」を反映して形作られており、そうした法改正をテコとした農協「改革」の最終目標は、農協における信用・共済事業の分離にあるとみられている^(注18)。

　改正農協法の概要は、①組合の事業運営原則の明確化、②組合員の自主的組織としての組合運営の確保、③理事等の構成、④組合の組織変更等、⑤中央会制度の廃止、⑥会計監査人の設置、に整理される^(注19)。監査の関係で農協の信用事業を信連等に譲渡する方が経済的に有利であるかの検討や准組合員の調査結果が利用規制にどう反映するかの判断が不明確ではあるが、直接的に信用・共済事業を分離することを提言しているわけではない。

　他方、改正農協法の施行とともに農水省の「総合的な監督指針」が改訂されている。ここでは、系統金融機関向けの監督指針が示されており、農業所得の増大のために農協における人材資源の営農・経済事業へのシフトや代理店方式の活用についても言及されている^(注20)。営農・経済事業への経営資源のシフトについては、第27回全国農協大会決議の中にも含まれており、農業所得の拡大を建前として、農協の信用・共済事業分離をめざす農協「改革」の構図が浮かび上がっているとみられる。

　さらに、この点に関しては、2016年12月に開催された「新世紀JA研究会」において、農水省の側から、農協に信用事業譲渡についての検討を促す発言が見られたように、もはや明確な方向性として示されていると考えてよい。そこでは、信用事業を取り巻く環境として、人口減少や高齢化など、農協の組織・事業の基盤である地域社会の面から信用事業譲渡を迫る論理展開である。つまり、住宅ローンなどの貸出業務や後継者の都市部移転などによる資源の流出など、純粋に信用事業の収益が減少することを指摘し、経営体としての持続可能性の確保に向けた検討として事業譲渡・代理店化を示唆している。そして、信用事業リスク負担の軽減と合わせて信用事業譲渡によるメリットとして、人的資源を営農・経済事業にシフトできる点を示している。

　農村部を主とした地域社会において信用事業を行う農協があることの意義は、農業経営や農家の生活、あるいは地域経済にとっても問われるべき点であり（注21）、単純に信用事業リスクの問題だけでその事業のあり方を問われるべきことではない。また、**図1-5**でみたように、営農・経済事業の採算との関係でみても信用・共済事業分離は農協経営として問題である。現状の事業体制のもとでの信用・共済事業の分離は、明らかに総合農協の経営破綻を意味する。愛媛県の農協は、専門農協と総合農協の合併を通して、青果専門農協が有していた営農経済事業を、全てではないが引き継ぎ維持してきた。信用・共済事業分離が本当に農協の営農経済事業の充実と地域農業振興にとって必要なことであるのか、青果専門農協と総合農協が合併する形で単協段階の組織再編を行ってきた愛媛県の事例に学ぶ必要がここにもあるのである。

注
（注1）清水徹朗「農業所得・農家経済と農業経営—その動向と農業構造改革への示唆—」『農林中金』2013年11月、参照。
（注2）鵜川洋樹・佐藤加寿子・佐藤了編著『転換期の水田農業—稲作単作地帯における挑戦』農林統計協会、2017年、参照。
（注3）全農ホームページによると、TACとは、Team for Agricultural Coordination の頭文字をとった名称であり、2008年の一般公募により「地域農業の担い手に出向くJA担当者」の愛称として単協、連合会が一体（チーム）

となって地域農業をコーディネートする意味をもっている。

（注４）西井賢悟「県域担い手サポートセンターは担い手をどう支援するのか」『農業と経済』第82巻第８号、2016年８月を参照。また、具体的な県域サポートセンターの取組と成果に関しては、前田勇介（JA鹿児島県中央会担い手・法人サポートセンター）「農協の総合事業性をどう発揮するか―鹿児島県における取り組み―」『協同組合研究誌「にじ」』2019年冬号、2019年12月を参照のこと。

（注５）板橋衛「産地の販売組織である農協・生産者組織の側面から農協共販の未来を考える」『農業市場研究』第24巻第３号（通巻95号）、2015年12月参照のこと。

（注６）「経済事業改革」については第２章で詳しく述べる。

（注７）尾高恵美「JAによる農産物買取販売の課題」『農中総研　調査と情報』第49号、2015年７月、参照。

（注８）尾高恵美「野菜出荷における生産者の農協利用状況」『農林金融』第56巻第９号、2003年９月、および農林水産省「農業協同組合に関する意識・意向調査結果」2017年３月28日公表、を参照のこと。

（注９）板橋衛「農協の販売事業のあり方として"共販"の意味を問い直す」『協同組合研究誌「にじ」』2014年冬号（No.648）、2014年12月、参照／

（注10）この点に関しては、田代洋一の指摘が的確である。詳しくは、田代洋一「農業者と共に国民に目を向け食料自給率の向上を目標に」『農業協同組合新聞』第2374号、2019年３月10日を参照。

（注11）全国農業協同組合中央会「経済事業改革の取り組みにかかる総括について」2009年12月、参照。

（注12）増田佳昭「農協営農面事業の再構築と営農指導事業」『農業・農協問題研究』第32号、2005年２月、および清水徹朗「農協営農指導事業の形成と展開」『経営実務』第74巻第６号、2019年６月、を参照。

（注13）板橋衛『地域農業マネジメント』全国農業協同組合中央会、2019年を参照。

（注14）営農指導事業の事業特性から、共益・公益的部分に関しての事業と農協としての事業性の強い部分とに分けて、その事業費用負担の面で組合員負担や公的機関の補助のあり方などが主張されている。しかし、そのことによって現実的に営農指導事業の費用問題が解決する見通しはなく、農協管内における地域農業の現状や地方行政との連携など、状況は様々であり、一概に議論することも難しい。また、農業改良普及事業との関係も検討しなければならないことであり、その状況も都道府県によって異なる。これらの点に関しては、増田佳昭『規制改革時代のJA戦略―農協批判を越えて―』家の光協会、2006年、および瀬津孝「JAの営農指導事業の位置付けとあり方に関する考察」『地域農業と農協』第43巻第２号、2013年９月を参照のこと。

（注15）尾高恵美「2016年度における農協の経営動向」『農林金融』第71巻第10号、2018年10月、において、統計的に見えても営農経済事業部門に優先的に経営

　　資源が投入されている傾向を明らかにしている。
（注16）これらの点については、馬場利彦「「JAグループ営農・経済革新プラン」
　　の基本目標と重点戦略」『農業と経済』第80巻第 7 号、2014年 7 月、家の光協
　　会「JAグループ営農・経済革新プランQ＆A」『家の光』第90巻第 8 号、2014
　　年 8 月、を参照。
（注17）以上の経緯については、田代洋一『農協・農委「解体」攻撃をめぐる 7 つ
　　の論点』筑波書房ブックレット、2014年、を参照。
（注18）この点の論理展開に関しては、田代洋一『農協改革・ポストTPP・地域』
　　筑波書房、2017年、を参照。
（注19）渡部諭「改正農協法ならびに政省令の概要について」『JC総研レポート』
　　Vol.37、2016年春、の整理に基づいている。
（注20）この時の監督指針の分析に関しては、田代洋一「JAのめざすべき方向と取
　　り組み」『農業と経済』第82巻第 8 号、2016年 8 月、を参照。
（注21）新世紀JA研究会における信用事業譲渡・代理店化の提案内容に関しては、
　　農業協同組合新聞、2016年12月20日、小池恒男「求められるJA改革に向けて
　　の二正面作戦」『地域農業と農協』第46巻第 4 号・第47巻第 1 号（合併号）、
　　2017年 4 月、を参照。また、青柳斉「信用事業分離と総合農協経営の展望」
　　増田佳昭編著『制度環境の変化と農協の未来像』昭和堂、2019年、において、
　　農協経営を取り巻く経済情勢の変化から「信用分離」論を提起している農水
　　省の内容について詳細な批判的分析が行われている。

第2章

営農経済事業改革の展開

1．はじめに

　農協が地域農業の発展および組合員の所得向上に貢献する事業展開を行うことは、農協の基本的使命であり、近年における政府による農協「改革」への要請や系統農協組織による自己改革の展開の中で強調されるまでもないことである。同時に農協経営全体の収支を意識し、必要に応じて農業関連の事業改革を進めることも当然の経営課題であり、総合農協として、事業バランスを考えた展開が行われてきたのである。とはいえ、こうした農協の事業利益が激減した1990年代後半からは、農協経営の危機を強く意識した取り組みとして、赤字事業である農業関連事業を農協合併やJAバンクシステムを契機としてなし崩し的に縮小する傾向がみられた。

　そうした状況の中で系統農協は、第23回全国農協大会（2003年）において「組合員の負託に応える経済事業改革」を決議し、農協・経済連・全農などの取り組むべき課題を明確にして経済事業改革を進めてきた。当初は3カ年で定められた事業・財務目標を達成することが企図されたが、十分な目標達成には至っていないとの判断から、第24回全国農協大会（2006年）でも「経済事業改革の徹底」を決議し、継続的な運動方針とした。しかしながら、その運動方向は、農業関連事業に関する限りにおいては、政府の農業構造政策に包囲された形を示していたと思われる[注1]。

　本章の課題は、経済事業改革の方針が示された背景と方針内容の変化を整理・検討し、「経済事業改革」運動が終了した段階における成果を踏まえ、地域農業の振興を図る農協の立場から見た農業関連事業の改革課題を提起す

ることとする。そのために、第2節では、経済事業改革の方針が決定されるに至った経緯を農協の経営事情と政府の農業構造政策との関連で改めて整理する。第3節では、経済事業改革に本格的に取り組む過程の中で、農業関連事業の課題が微妙に修正されている点に注目し、施策方針の重点が変化した意味を考察する。また、第4節では全体運動としての終了時点における経済事業改革の成果について、事業・財務目標の達成状況と農協の事業動向から検討する。第5節では以上を踏まえ、系統農協における自己改革が行われている今日的視点と関連させて農業関連事業の経営課題について提起を試みたいと考える。

　なお、本章では、主に営農指導事業と生産資材購買事業を分析対象とする。農業関連事業としては販売事業も含まれるが、ここでは限定的な取扱にしている。また、農業関連事業という名称は、総合農協統計表のそれに従っているが、営農指導事業も含んだ事業として位置づける。

2．農業関連事業における経済事業改革の背景

（1）系統農協の自主的対応としてのJAバンクシステム

　農協は1990年代において合併を進め、1農協当たりの貯金量は飛躍的に増加し、金融機関としての資金力は拡大した。しかし、金融ビッグバンの進展の中で、都市銀行再編やペイオフ解禁が近づくなど、さらなる金融情勢の劇的な変化に対して、金融機関としての農協における組織・事業・経営面の改革は遅れていると行政側はみていた。

　そこで、2000年4月に農水省内に「農協系統の事業・組織に関する検討会」が設置され、同年11月にその最終答申として「農協改革の方向」が発表された。この答申の内容は、信用事業の改革を最も多く取り上げており、その目玉が「ひとつの金融機関」として機能する新たな農協金融システム構築の方向を示したことである。つまり、農林中金を主体とする系統金融体制構築の必要性が強調されたことが最大の特徴である。

　農業関連事業に関しては、地域農業振興機能の再構築の部分で触れられており、地域農業の司令塔として地域をリードする必要性が強調されている。しかし、具体的に踏み込んだ指摘は生産資材購買事業についてのみみられ、農業者の経営安定と所得向上のための生産資材価格の引き下げにつながる供給体制の見直しを課題とし、全国1カ所の受注センターを設置して、その指揮で広域配送拠点から供給するシステムを構築すべきという、やや極端なモデルが示されている。また、赤字部門の事業廃止や別会社化の方向を提起している点も注目される[注2]。

　こうした金融問題を中心とした行政側の方針に従う形で、系統農協側から示した回答が「系統信用事業の再編と強化にかかる基本方針（JAバンク基本方針）」であり、系統農協として運用を始める破綻未然防止のための「自主ルール」である。

　ここで注目される内容は、経営改善を求められるのが信用事業のみではないと明記されている点である。他事業においても事業利益が2期連続で部門赤字を示した場合には、3年以内に①人員・経費の削減、②不採算業務・施設の統廃合・見直し、③配当・還元水準の見直し、④運営方式の見直し等に取り組む必要があると記されている。部門の事業区分がやや不明確ではあるが、その後の経済事業改革の指針や方針につながる重要な示唆的内容とみられる。

　このように、JAバンクシステムとして、農業関連事業も例外なく経営収支を厳しく問うという立場に、系統農協は自らを位置づけており、ある面では自主的改革の宣言を行ったともみられる。しかし、その具体的な取り組みが動き出す前に、2002年において農協改革という名の下に、農協の農業関連事業に対する政府側からの要請が多く示されるようになる。その結果として経済事業改革の方針が決定されるのであるが、その過程を振り返っておこう。

（2）農協の農業関連事業への解体的提言と経済事業改革

　農水省は、BSE問題など、食に対する消費者からの不安に応える形で、消

39

費者に軸足を移した農林水産行政を進めることを明記した「食と農の再生プラン」を2002年に発表した。農業生産面の課題として、農業経営の構造改革を加速化させる政策を実施することが強調されており、その一環として農協に関する部分が位置づいている。すなわち、「消費者ニーズに的確に応え、ビジネスチャンスを活かそうとする農業経営の支援につながる抜本的な農協系統組織改革の促進」とある。法人経営など、企業的・大規模な農業経営体への支援を農協の事業展開の使命とすべきということを示唆した内容とみられる^(注3)。

　行政側からの基本的問題意識は、これからの農業政策の方向性として、40万戸の担い手経営育成に絞った施策を企図・実施するに当たり、現状の系統農協組織をどう位置づけるかにあったと考えられる。農協組織を利用するか、妨げになる組織として解体的方向に導くのかという考えが背景にあったのではないかと思われる。さらに、主に財界側の意見を代弁した経済財政諮問会議や総合規制改革会議（当時）における農協に対する提言においては、農協組織の「農協型株式会社」・「営農コンサルタント会社」化や農協の独占禁止法適用除外の問題視、または事業面における信用・共済事業分離論などがみられ、明らかに解体的方向を指摘したものと考えられる。財界側からの要請の背景には、農業分野への参入など新たなビジネスチャンス拡大を目論む側から見ると、農協組織が参入障壁になっているとの見方があったものと思われる^(注4)。

　これらの議論を整理する目的で、2002年9月に「農協のあり方についての研究会」が発足し、2003年3月には「農協改革の基本方向」が発表されている。「農協改革の基本方向」では、遅れている経済事業の改革を問題視し、①国内農産物の販売拡大、②生産資材コストの削減、③生活関連事業の見直し、④経済事業等の収支均衡について言及されている。農業関連事業に関しては、生産資材のコスト削減に関して、物流コストの削減や大口需要者への割引等、大規模家族経営・法人経営等の担い手にメリットのある価格体系の必要性が示されており、経済事業等の収支均衡の観点から部門別収支の検討

や赤字部門の廃止や別会社化という方法を提示している。また、営農指導事業に関しては、販売事業等の「先行投資」と位置づけることができるとし、事業およびその収支面では、営農指導単独で考えるべきではなく、農協事業の中で総合的に見るべきとされている。

　このように、「農協改革の基本方向」では、営農指導事業の位置づけの明確化など、農業関連事業の解体的方向を示唆したものではなく、むしろ重要視したものと見られる。しかし、大規模農業経営体等に対する生産資材の価格体系にまで踏み込んだ指摘もあり、そうした経営体に対応する農業関連事業の展開への転換を示唆しているともみられる[注5]。このことが「経済事業改革指針」の策定にも影響を与えていると考えられる。

３．経済事業改革の経緯と農業関連事業における重点課題の推移

（1）経済事業改革の目標設定と取り組み経過

　経済事業改革の具体化は、第23回全国農協大会協議案に基づき、「JA改革推進本部」の下に「経済事業改革中央本部」を設置し、そこが中心となり経済事業改革の方向性を定めていく形で進んだ。その結果、第23回全国農協大会における、経済事業改革の実践に関する特別決議も受け、2003年12月に「経済事業改革指針」が決定され、事業目標と財務目標が定められている。

　2003年12月時点での事業目標は、①消費者接近のための農産物販売戦略の見直し、②生産者とりわけ担い手に実感される生産資材価格の引き下げ、③拠点型事業（物流・農機・SS・Aコープ）の収支改善と競争力の強化である。財務目標は、①経済事業（農業、生活その他事業）部門の収支均衡、であり、農業関連事業は、共通管理費配賦前の事業利益段階において、原則３年以内に収支均衡を図ることを目標とした。また、②経済事業子会社の収支改善、③経済事業の財務改善も目標とされた。

　事業目標を定めたことは事業収支のみではなく、組合員にメリットを提供するための改革であることを改めて示したという点において重要ではあるが、

部門収支の確立がなければ、経済事業の安定的な事業運営は困難であるとの考えから、部門別の財務目標を特に重視したものとみられる^(注6)。そのため、部門別損益赤字幅が自己資本対比1％以上の農協に対しては、経済事業改革県本部が直接的に収支均衡に向けた指導ならびに進捗管理を実施するとしている。

　経済事業改革の取り組みは、改革の効果が大きいと見られた拠点型事業から着手される。先にみた4つの事業に関して、県域別にマスタープランを策定する。各県では、それを農協に提案し、農協の判断で事業の統廃合や別会社化を進めていく^(注7)。

　その後、農協法を改正し、経済事業改革への取り組みに対して中央会の指導力に法的強制力を持たせることになる。経済事業改革指針は何度か見直され、2005年4月の改訂では、事業目標に「営農指導機能の強化」と「CE等共同利用施設の運営改善」の2つが追加され、「営農指導事業の強化」は事業目標の第一に位置づけられた。さらに、2006年3月の改訂では「販売事業改革」と「担い手への個別事業対応」の2つが追加される。

　つぎに、この「営農指導機能強化」と「担い手への個別事業対応」が追加された経緯とその意味について検討しておこう。

（2）営農指導機能の強化

　経済事業改革における営農指導事業の当初の位置づけは、事業目標としては直接的な対象ではなかった。しかし、経済事業改革を実践する上では、営農指導機能の強化が喫緊かつ不可欠の課題であると考えられるようになってきた。

　経済事業改革中央本部委員会で営農指導事業について協議が行われたのは、2004年1月であり、そこで系統農協の営農指導事業の現状と課題について、農協と連合会の双方の組織に関しての整理がなされている。そこには、営農指導員の業務内容のうち、実際に指導業務を行っている割合が3割程度であり、販売・購買事業と分化しきれていない実態や、販売金額の大きい大規模

農家等に対する情報提供や支援が十分に行えていない現状が整理されており、営農指導員の専門化が課題として上げられている。また、連合会との機能分担や連携のあり方も検討する必要があるとまとめられている。

　さらに、経済事業改革と密接不可分の関係にあるとの認識から、①農協の営農指導事業実施体制、②営農指導員の人事・研修体系のあるべき姿を検討する必要性があるとし、「営農指導事業検討委員会」を設置（2004年3月）することになる。この委員会において、その後4回協議された結果、2004年6月には「JAグループ営農指導機能強化の基本方向」をとりまとめている。この基本方向では、農協が取り組むべき課題として、①営農指導事業の目標の明確化、②営農指導員の階層化、③指導組織の見直し・研修体系等の明確化、④営農指導のための予算の明確化、などが盛り込まれた。

　営農指導事業の目標としては、個々の指導員のレベルアップの目標を定める必要があるとされており、その管理制度の導入も課題としてあげられている。農協によっては、販売取扱高や担当する作目の作付面積などをその指標として目標管理を行っているところもある。

　また、営農指導員の階層化は、農業者が分化したことへの対応としてモデル化して示されている。具体的には、自給的農家や高齢農家に対しては、購買店舗での当用資材の購入・指導や直売所での販売機能などを担当する「営農相談員」、中規模農家に対しては、生産部会組織などを通したマーケティングや技術指導を行う「営農指導員」を、大規模農家や法人経営に対しては、販売情報の提供や経営指導などを行う「専門営農指導員」を位置づけた。拠点型事業の再編で生じる余剰人員への対応として注目された営農経済渉外制度を担当する職員も、地域の実態に応じて指導員としての推進業務や専任渉外担当者として位置づけることが盛り込まれている。営農指導事業のあり方を農家の分化に対しての営農指導体制の構築として明文化した点では注目される。実際に、農協によっては、直売所担当の指導員や集落法人や大規模経営担当の指導員を配置したところもあり、営農経済渉外制度を導入している農協もみられる[(注8)]。

　こうした営農指導強化の取り組みも各県連、各農協でプランを策定して進めることとしているが、その具体化を待たずに、次に見る担い手対策が経済事業改革にさらに積み増しされた。

（3）「新生全農を創る改革プラン」と担い手対策

　全農は、2005年12月に、同年に生じた全農秋田問題に関する業務改善命令に対する改善計画として、「新生全農を創る改革プラン（新生プラン）」を農水省に報告した。この報告内容は、農水省の対象を「担い手」に絞った「品目横断的経営安定対策」を2007年度から導入することが、2005年10月に政府・与党内で決定されたことを反映しており、度重なる不祥事に対して受けた業務改善命令から、農水省に対する平身低頭の全農の姿勢が示されているものと思われる^(注9)。行政が進める担い手対策とほぼ同様の対象を担い手として位置づけ、そこに全農の農家支援策を集中的に実施することを定めており、全面的に政策のバックアップをすると宣言したに等しい内容を含んでいるからである。この内容が経済事業改革の取り組みにも大きな影響を与えることになる。

　これを受けて、経済事業改革中央本部で「担い手への経済事業対応の具体策」について集中的な協議が実施される。協議では、①担い手に出向く営農・経済事業体制の整備、②農協のみではなく全農と農協が一体となった体制の整備、③購買事業における担い手向け商品・価格条件の設定・普及等の提案、などが検討課題となり、2006年4月にJA全農「新生プラン農業担い手支援基本要項」が定められている。要項では、①農協が担い手対応に絞った「担い手対応専任者」を設置すること、②担い手は「経営所得安定対策」の対象者と園芸・果樹・畜産等の認定農業者であり、系統農協の事業拡大が見込める対象者であること、③担い手を登録し、その対象者に生産資材価格対策や経営管理指導などを行うこと、④予算として5年間で240億円を投入すること、などが定められている。さらに、県域ごとに「担い手への経済事業対応を実施するためのマスタープラン」を策定させ、具体化を図ろうとしており、

2007年12月末で405農協、15万9千件の登録がある。

　それまでの経済事業改革においても、系統農協は多少漠然とした担い手という言葉は用いてきたが、ここではより限定して担い手を定めている。水稲作以外の生産が多い農協管内では、水稲作以外の認定農業者や生産部会も「担い手」対象になり、登録が行われているとみられるが、かつての産地づくり交付金対策として農協系統も参加して作成した水田農業ビジョンなどにみられる「多様な担い手」という対象とは明らかに異なる。さらに、担い手に対しては出向く体制を構築し、これまでの組織事業対応に加えて個別事業対応を重視するという方針が明確にされている点も、従来の営農指導体制と異なる面である。

　この「担い手への個別事業対応の実施」が「生産者とりわけ担い手に実感される生産資材価格の引き下げ」に付け加えられる形で、基本方針の2006年3月改訂時に事業目標に追加された。第24回全国農協大会で決議された「担い手に対する対応の強化」の具体的内容においても、担い手のもとに出向く体制の確立と利用率の向上が提起されている。

　大規模な経営体は、管内における農業生産資材の購買量や生産物の販売量の大多数を占めているが、その経営体の農協利用が比較的少ないとの分析から、今後の農協の農業関連事業の重視・強化する対象として、そうした経営体を位置づけたことは重要な施策である。しかし、そのシステムは全農の生産資材供給システムでもあり、政府の施策にすり寄っている点も注意する必要があろう[注10]。

4．経済事業改革の目標達成状況と農協の農業関連事業の縮小

（1）事業・財務目標の達成状況

1）事業目標の達成

　事業目標の達成状況は数値化が難しい面もあるが、全中は様々な指標で評価を試みている。これに基づいて[注11]農業関連事業について確認しておこう。

（ⅰ）営農指導機能の強化

「営農指導機能強化策」は全県で策定されており、農協段階でも58.5％（2007年12月）の農協が策定し、地域農業振興戦略や中期計画等に盛り込まれている。営農指導員の配置の点では、営農指導機能強化のため基本方向で示された階層別・地区別・品目別に営農指導員を配置する農協が年々増加しているとみている。また、損益管理の方針を確立した農協は2004年度27.8％から2007年度35.4％へと高まっており[注12]、営農指導費用の部門配賦の年度当初の予算化（計画化）を実施した農協は2007年度68.4％、検討している農協と合わせると81.1％であり、営農指導費用に対する認識は高まっているとみられる。

その他、人材育成のプログラム（研修、資格認証、処遇等に関する方針等）を確立している農協は、2004年度29.2％から2009年度38.2％へと高まっており、検討中の農協も合わせると80％以上である。さらに、営農相談員向けの全国標準版のテキスト作成や営農指導員資格認証の全国統一試験への参加県の増加など、全国的なレベルを統一した営農指導人材育成を進めている。

（ⅱ）消費者接近と農家手取り向上のための販売事業の見直し

販売事業については、2005年12月開催の第14回経済事業改革中央本部委員会で、「JAグループの販売事業の改革についてとりまとめ（案）」が示され、それに基づき①直接販売機能の強化とこれに通じた国産農産物の売場確保、②農産物販売における中間流通コストの削減と農家手取りの増加、③一律的な委託販売方式から多様な販売方式への転換とそれに伴う機能別手数料の設定、④これらの取り組みを通じた収支改善、が決定され、県域の特性を勘案した改革プランを策定して取り組みを行うこととなり、2007年段階でほぼ全県域で改革プランが策定されている。

そこでは、直販事業の強化・拡大、農協と県連機能の分担整理のあり方、販売の多元化と機能にあわせた手数料のあり方が示されている。しかし、園芸販売事業において機能別手数料方式を導入した農協の割合は、野菜で2007年10.5％から2009年12.3％へ、果樹で2007年6.5％から2009年7.2％へと増加し

ている一方で、導入の予定がない農協も33.0％から34.5％へと拡大している
など、一部の農協での実践とみられ、今後の業務用・加工用販売の拡大が予
想される中では課題とみられた。他方で、販売機能発揮のための企画担当者
や取引先への営業活動を行う担当者の配置については、兼務としての配置も
含めると2009年では80％以上の農協で実施され、その割合は増加しているの
である。

　また、販売事業部門の収支に関しては、2008事業年度決算で、共通管理費
配布前で61.4％の農協が黒字であるが、配布後の事業利益での黒字は44.5％、
営農指導事業費の配布後の純損益では38.2％であり、この間において改善傾
向はみられるが、数値的には大きな変化はみられていない。品目的には、米
穀事業は共通管理費配布前で60％以上の農協が黒字であるが、園芸事業と畜
産事業では50％を下回っている。また地域差も大きく、販売事業のボリュー
ムの差と販売コストのとらえ方による相違があるとみられた。

（iii）生産者とりわけ担い手に実感される生産資材価格の引き下げ

　生産資材（農薬）価格の競合店の価格調査実施農協は、2004年調査で69％
であったが、2009年調査では89％に拡大しており、2007年調査の段階で毎月
行っている農協もみられた。また、その結果、農協の価格が高かった場合の
対応として、2009年調査では92％の農協が何らかの手段を講じている。大口
利用者への特別な奨励措置（肥料）は、2007年調査で83％の農協での実施で
あったが2009年調査では89％に拡大している。品目による取り組みの差はみ
られるが、生産資材の価格政策への取り組みは定着しているとみられる。こ
うした引き下げ措置は、主な仕入れ元である連合会と協力したかたちで進め
られており、全農による担い手に対する大口奨励等対策も実施されている。

（iv）担い手への個別事業対応の実施

　全農の新生プランとの関係で事業目標に入ったのが2006年3月であるが、
すでに全県域で「担い手対応県域マスタープラン」が策定されている。県域
段階では担い手対応部署が設置され、農協の体制整備や出向く活動への支援
体制は整えられている。全中による「担い手対応強化に関するJA調査」（2007

年度調査（42府県、615農協））によると、渉外チーム設置農協（兼任含む）が33.8％であり、増加傾向にあるとみられる。しかし、課題としては、①人的体制が不足で担い手対応専任担当を設置できない（50.0％）、②対象とする担い手が少ない、または不明である（22.0％）、③対象とする担い手以外の農家からの反発を懸念する（19.7％）などがあげられていた。そのため、連合会のサポートが重要であるとして、全農が中心となり担い手へ出向く専任体制としてTACの設置を進めていくことになる。

（ⅴ）拠点型事業（物流・農機）の収支改善と競争力強化^{（注13）}

コスト削減効果が高いと期待された分野であり、早期に県域マスタープランが策定され、それに基づき各県ごとに取り組みが進んでおり、効果を上げつつあるとみられる。

物流コストの調査を実施した農協の割合は、2005年70％から2009年84％へと増加しており、全農広域物流への取り組みを実施する県・農協は2004年における25県・83農協から2008年には36県・164農協へと拡大している。広域物流を実施したことによる物流コスト削減効果は、全農物流定期調査によると2008年度で改革後の物流コストが9.5％であるのに対して改革前は14.0％とみられており、4.5ポイントの削減がされたと報告されている。

農業機械に関しては、2003年3月では1,884拠点であったが、2009年3月には1,419拠点まで集約化が進んでおり、集約が進んだ県域からは収益が改善されたと報告されている。

2）財務目標

財務目標に関しては、JAモニタリングデータによると、共管配賦前の農業関連事業の収支状況は、2003年度では、対象869農協のうち赤字農協が335農協40.9％であり、2008年度では、対象767農協のうち赤字農協は270農協35.7％である。農業関連事業に関しては、共通管理費配布前の赤字農協の割合は約5ポイント低下している。また、農業関連事業の事業利益の動向は図1-6に示した通りであるが、マイナス幅が縮小している。このように、営農

経済事業改革の成果は、財務の改善に一定程度の寄与をしたとみられるが、この間における市場の縮小や競争激化等の事業環境の悪化などもあり、十分な財務目標の達成には至らなかったとの見方をしている。

（2）農業関連事業の縮小傾向

　表2-1は、1990事業年度以後、5年ごとに、組織的な営農経済事業改革が終焉した2年後の2010年度までの職員数と生産資材供給高をみたものである。

　農協職員数は合計で1993年度がピークであり、約30万人の正職員が従事していたが、2010年度のそれは約22万人であり、1990年度比で25.8％の減少である。購買部門（生活面含む）の職員数の減少率は1990年度比52.5％であり半分以下にまで減少し、全体の減少率を大きく上回っている。そのため、1990年度当時は全職員の33.2％が購買部門であったが、2010年度には21.3％にまで低下している。この間、購買部門の職員は臨時・パート職員での代用が進んでおり、2010年度では購買部門職員（正職員＋臨時・パート職員）の24.1％がそうした職員で占められている。しかし、その職員数も2001年度をピークに減少しており、Aコープの別会社化の影響が大きいとみられる。営農指導員は1990年度比23.7％の減少であり、2000年代後半には増加傾向を示していることもあり、全職員の減少率を下回っている。また、1990年代後半

表2-1　農協における営農面事業従事職員数と生産資材購買事業の推移

単位：人、億円、％

	職員数（正職員）			生産資材購買事業		
	合計	購買部門	営農指導員	供給高	系統仕入率	粗利益率
1990 年	297,459	98,836	18,938	31,902	78.7	9.5
1995 年	297,632	98,030	17,242	30,498	76.1	10.9
2000 年	269,203	79,720	16,216	26,928	71.9	10.4
2005 年	232,981	58,539	14,385	23,877	69.6	9.9
2010 年	220,781	46,986	14,459	20,273	69.6	9.4

資料：総合農協統計表
注：1）購買部門は生活事業も含む。
　　　2）系統仕入率は、当期受入高における系統利用の割合である。

からは他部門の減少率が大きいため、近年ではむしろ全職員に占める割合が増加している^(注14)。しかし、正組合員戸数の減少率よりは高く、1人の営農指導員が対応する正組合員戸数は単純平均で、257戸から281戸に増加しており、対組合員面でのサービス低下は否めない。

　生産資材の供給高は1990年度対比で36.5％の減少である。事業総利益が21.8％の減少率であることと比較しても大きな割合である。これは、日本農業全体の縮小傾向の反映としての事業量の落ち込みでもあるが、農業総産出額は1990年対比で2010年は29.3％の減少率であり、それを上回っている。さらに、1995年度対比でみると、農業総産出額が22.3％の減少率に対して生産資材供給高の減少率は33.5％であり、2000年度対比で見ても11.0％に対して24.7％の減少率を示しており、そのポイント差が拡大している。このことから考えると、近年は農協の生産資材購買事業の利用率も低下していることを反映した事業量の落ち込みであるともみられる。また、注目すべきは、この間に系統からの仕入れ率を合計で10ポイント近く下げている点である。他方、粗利益率は約10％でほぼ横ばいであり、石油類の粗利益率が1990年代の15％水準から10％程度にまで低下していることを考えると、他の品目で粗利益を稼いでいることがわかる。それを系統外からの仕入れにより維持しているともみることができる。

　経済事業改革は、事業目標を掲げているとはいえ、基本的ねらいは収支均衡の事業モデルの構築であり、そのためには事業そのものを減少させても利益を確保する構造に転換する改革である。そのため、職員数や拠点店舗の減少を伴い、それに代わる十分な代替サービスが確保されない場合は、結果として事業量も低下せざるを得ないと考えられ、2010年度における数値はその傾向を示している。

5．農業関連事業の改革課題

　系統農協の事業量は、1990年代後半より下落傾向が続いており、農業総産

出額の減少ペースよりも高い割合で推移している事業もあるため、組合員の農協離れは、俗説だけではなく、客観的にも深刻化していることが推測される。この要因の１つに、1990年代後半における農協の経営管理体制が、減少する事業量に合わせた管理費のコントロールを十分に行えず経営を急速に悪化させ、その対応に追われて農業関連事業の対応を後手に回したことが考えられる。

　そこで、そうした状況から脱却すべく、農業関連の新たな事業モデルを構築することを目的に経済事業改革への取り組みが行われ、農業関連事業で収支均衡を図ることにより、農業関連事業のみではなく農協経営全体を安定化させ、目標とする新たな組合員の営農支援事業を十分に行っていくことを狙いとした。しかし、収支均衡のためのリストラを断行し、事業量の減少傾向に対する歯止めはかけられなかったのが営農経済事業改革ではなかったのではなかろうか。

　そのため、組合員の経済事業に対する満足度は、2006年における全中アンケートでも示されているように、生産資材の購買と営農指導に関しては決して高くはなかった。多様化している組合員の満足度をすべて満たすことは難しいが、組合員に対しては、メリットや満足を提供するための経済事業改革であるとも説明しているのであり、かつて農業関連事業の機能強化を公約として農協合併を実施したにもかかわらず、合併後の経営管理体制の不備による組織・事業体制の混乱により、十分に農業関連機能強化を実現することができないことで組合員の農協離れが生じたことと同様の結果にならなければと危惧せざるを得ない。

　とはいえ、経営管理面では、経済事業改革を通して、農業関連事業のなし崩し的縮小化に歯止めをかけ、合理的再編の必要性から店舗および拠点事業所の統廃合等が行われてきた。また、当初は事業目標に含まれていなかった営農指導機能の強化を、生産資材購買事業や販売事業の再編・強化にとって不可欠のものとして位置づけ、さらに、営農指導機能の強化を図るための議論の過程で、営農指導員の位置づけの明確化が再確認された側面はきわめて

重要である。

　その成果を示すための農協の農業関連事業の課題が、管内の地域農業の特徴によって様々であることは言うまでもない。だからこそ、地域農業の振興計画を樹立し、地域農業の戦略に即した事業展開を行う以外に特別な方法はないのであり、第24回全国農協大会でも、農協ごとにビジョンと戦略を策定することを再確認した。このことは、当たり前のことと言えるが、しかしその中で経済事業改革の目指す方向や事業のあり方において、政府の施策の対象となる「担い手」対応に集中する傾向が目立っているともみられる。

　大規模経営体は生産資材の需要量が大きく、販売品として生産する農畜産物の供給量も多い。そこを農協が十分に取り込むことができたならば、事業量の飛躍的な向上にもつながる。また、農協が、農業のみで生計を立てている経営者に十分な支援を行うことは、国民的な理解を得ることにもなると思われる。問題は、そうした事業モデルと地域農業全体の振興計画の両立であり、それを農協の地域農業戦略の中に位置づけることができるかにかかっている。すでに、少なくない農協で実践されている、高齢者や兼業農家の農協事業への再結集につながる直売所事業や集落営農づくり、既存の作日別生産部会の再編などが具体的な課題になると考えられるが、農協の農業関連事業の改革課題はそこにあると思われる。

注
（注1）政府の構造政策に対する農協の立場を、農協の構造変化への支援策として、農業基本法以降について整理したものに、両角和夫「構造変化を支える支援組織—農協に焦点を当てて—」『農業経済研究』第76巻第2号、2004年9月、がある。
（注2）「農協改革の方向」の全般的な検討に関しては、三輪昌男『農協改革の逆流と大道』農山漁村文化協会、2001年を参照。
（注3）このプランの説明を行った経済財政諮問会議の場（2002年5月）において、時の農相が系統農協のあり方と立場に対して「改革を進めるか、さもなくば解体を迫られる」と発言したと報道されてから、農協改革に対する内外からの議論がにわかに活発になった。
（注4）この時期における農協組織・事業に対する解体的提言とその意味に関しては、

板橋衛「農協解体攻撃と組織・事業改革—真の再生の道を探る—」『農業・農協問題研究』第28号、2003年 2 月、を参照。

（注 5 ）　その後2003年10月の第 8 回あり方研では、委員から、農水省の政策が40万の農家を中心とした農業政策に移行する方針が具体化する中で、農協がどう対応すべきかの検討が必要と指摘されている。これは、営農指導事業の対象に限って、農協事業のあり方について、系統農協に検討を求めた発言とみられるが、こうした問題意識は常にあったと思われる。

（注 6 ）　前田健喜「経済事業改革のこれまでの取り組みと今後の方向」『農業協同組合経営実務』第62巻第 2 号、2007年 2 月、を参照。

（注 7 ）　別会社化の動向については、増田佳昭「系統経済事業の広域再編と「会社化」」『農業と経済』第71巻第 7 号、2005年 7 月、を、支店などの統廃合については、高田理「JAにおける支所・支店のあり方と再編方向」『農業と経済』第71巻第 7 号、2005年 7 月、増田佳昭「経済事業改革の評価と課題」『農業と経済』第72巻第 9 号、2006年 8 月、を参照。

（注 8 ）　営農経済渉外制度の問題点については、青柳斉「経済事業改革の課題と対応方向を考える」『農業と経済』第71巻第 9 号、2006年 8 月、を参照。

（注 9 ）　青柳斉「全農改革の特徴と問題点」『農業と経済』第72巻第 9 号、2006年 8 月、参照。

（注10）　小田切徳美「JAの担い手対策の課題—担い手問題にどう向き合うか—」『農業と経済』第72巻第 9 号、2006年 8 月、において、第24回全国農協大会の分析として「担い手」像が限定されたものに映っていると指摘されている。

（注11）　全中の資料としては、主に「経済事業改革のこれまでの経過と今後の取り組み方向について」2007年12月、および「経済事業改革の取組みにかかる総括について」2009年12月、を用いた。

（注12）　損益管理の方針とは、例えば、「農業関係事業の利益（共管配賦前）で営農指導費をまかなう」等の営農指導事業の損益管理に関する方針である。

（注13）　拠点型事業としては、SSとAコープも含まれるが、ここでは農業関連事業に分析の対象を限定しているため、物流と農機に限定する。

（注14）　2000年代後半における営農指導員増加の要因として営農経済事業改革の成果との見方もあるが、この期間は農協経営が全体的に上向いた時期でもあり、経営全体のバランスによるものと考えられる。今後の慎重な分析が課題である。

第３章

果樹産地における農地荒廃化の構造と地域の対策
―2000年代中頃の愛媛県における園地荒廃化構造とその対策から―

１．はじめに

　基本法農政で奨励されたみかん生産は、1960年代の急速な拡大により、全国の栽培面積は1973年17万3,100haまで増加し（**図3-1参照**）、1975年には結果樹面積が16万700haとピークに達した。1970年代は収穫量・出荷量ともに300万tを上回っていたが、消費は減少傾向を示したため過剰問題が深刻化し、相対的に価格は低迷を始めることになる。その後、生産は減少を続け、2000

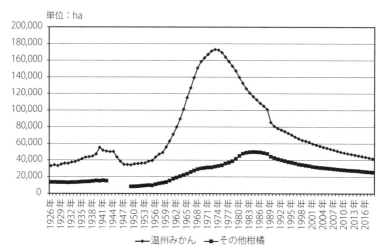

図3-1　日本における柑橘類の栽培面積の推移

資料：耕地および作付面積統計
注：1）1944年〜1973年は沖縄県を含まない。
　　2）1943年〜1948年は「その他柑橘」の面積が不明である。

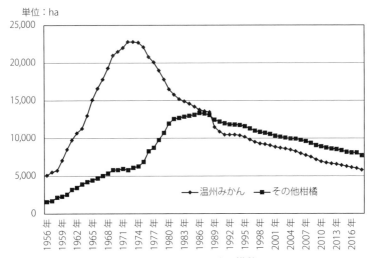

単位：ha

図3-2　愛媛県における柑橘類の栽培面積の推移

資料：耕地および作付面積統計

年代には100万t前後の収穫量になり、2010年代には100万tを下回っている。**図3-2**に示したように、愛媛県においても同様の傾向であり、2004年からは和歌山県に生産量第一位の座を明け渡している。さらに、2018年は西日本豪雨の影響もあり、収穫量は前年比6％減少して11万3,500tとなり静岡県より少なくなり、全国第2位から第3位に順位を下げている。

　温州みかんの生産量減少の主な要因は、1970年代から顕著にみられるようになった生産費を下回るまでの価格の低迷により、経営的に成り立たなくなったためである。それは、消費需要の増加を超えた供給量過多の需給構造になったためではあるが、柑橘類に関する生果と果汁の輸入自由化が国産品の相対的過剰傾向を強めたためである。特にオレンジ果汁の自由化後、果汁市場は約90％が輸入品によって占められており、国産加工原料用価格はその輸入価格水準に強い影響を受けて著しく低下し、生産者の所得低下につながった[注1]。そのことも要因として、**図3-3**に示したように、卸売市場価格と農業所得の乖離がみられるのである。

　愛媛県の生産地においても、こうした状況下で生産量が減少するが、需給

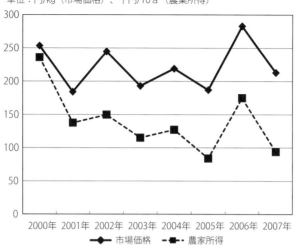

単位：円/kg（市場価格）、千円/10ａ（農業所得）

図3-3　愛媛県産みかんの市場価格と愛媛県内みかん経営の農業所得

資料：東京都中央卸売市場年報、青果物産地別卸売統計、農業経営統計調査

条件がきわめて厳しいことが、温州みかんの産地（銘柄）間の価格差と品目間の格差を随伴しながら展開してきた。そのため、温州みかん産地として生産維持を図る銘柄産地と中晩柑類への品種更新を進める産地とその対応が分かれることになる^{（注2）}。とはいえ、価格問題を背景として、農家の生産意欲は大きく減退しており、その結果として後継者不足、労働力の高齢化が生じ、果樹園の管理が不十分になるケースもみられ、**図3-2**で見たように、愛媛県の温州みかんおよび中晩柑類の栽培面積は減少し続けているのである。

　また、愛媛県における耕作放棄地率は11.5％（2005年農業センサス総農家）で全国７位の高さである。また、耕作放棄地の全体調査においては、10,443ha（2009年３月末）と全国５位の面積の大きさであり、同調査で「赤」と判断された耕作放棄地が54.2％を占めている。こうした背景には、経営耕地面積の60％以上が中山間地域に位置（市町村単位でカウント）し、急傾斜地の樹園地（果樹園が大部分）が多いことがある。また、果樹農業の特性として、作業に多くの人手を要すること、農地の流動化に関しては有益費の問

題など水田農業とは異なる様々な困難を有していること、特に愛媛県では基盤整備が遅れていることが指摘されている^(注3)。こうした構造的問題があるために、個別農家レベルでの経営規模拡大の余地が大きくなく、加えて温州みかんを中心とした柑橘価格の低迷による収益の悪化が農家の生産意欲を減退させ、農地荒廃化^(注4)につながっている。

　本章では、柑橘類価格の低迷が長期化していた2000年代中頃における愛媛県の園地荒廃化の構造を明らかにし、その対応としての地域単位で独自に農地管理システムを構築し、農地荒廃化の防止に努めている取り組みに注目し、それを支えている地域の体制の分析を通して、果樹地帯における農地荒廃化対策のあり方を考察する。

２．愛媛県における果樹農業の展開と荒廃園地の拡大

（１）果樹農業の展開と価格条件

　愛媛県における温州みかんの栽培面積の推移を示したのが、先にみた**図3-2**であるが、全国的動向と比較して、中晩柑類の栽培面積が相対的に大きい。ここからは、温州みかんの価格が低迷した時期に、急速に品種更新を図ってきたことが読み取れ、1989年からは温州みかんの栽培面積を凌駕している^(注5)。こうしたすばやい対応の要因は、①果樹農家の積極的経営改善意欲と果樹団体の主体的な対応、②宮内伊予柑という優秀な愛媛県特産品種があり栽培経験を有していた、③1969年の夏柑暴落に対し、南予の果樹農家は甘夏柑等への転換を実行し、その技術的経験の蓄積があったこと、④中晩柑類への転換は、高接技術が駆使されることにより、早期収益を挙げ得る期待が決断を容易にしたこと^(注6)、といわれており、普通温州を中心に品種転換が進んでいる。その過程において、当初は様々な模索や試行錯誤がみられたが、徐々に地域的条件を反映した更新の方向性がみられている^(注7)。

　近年では、「紅まどんな」や「甘平」など、市場評価がきわめて高い有望な品種も開発されており^(注8)、2010年代に入ってからの柑橘価格の堅調的推

表3-1　愛媛県における温州みかん以外の柑橘類の収穫量の変化

単位：t

品種名	当初生産		最盛期		2016年
	年次	収穫量	年次	収穫量	収穫量
アマクサ（天草）	2001年	17	2006年	458	279
アンコール	1981年	1	1985年	845	99
いよかん	1963年	6,936	1992年	175,500	29,689
紅まどんな	2004年	1			2,265
カラマンダリン	1984年	12	2015年	2,169	2,044
河内晩柑	1974年	63	2013年	8,666	6,823
甘平	2007年	6	2015年	1,617	1,323
清見	2001年	1,629	2006年	8,192	5,048
不知火（デコポン）	1992年	50	2013年	10,752	9,164
せとか	2001年	52	2015年	3,935	3,352
タロッコ	2007年	10			239
南津海	2003年	5	2015年	693	377
なつみかん	1973年	117,400			6,523
ネーブルオレンジ	1973年	1,140	1983年	15,100	369
はっさく	1973年	14,200	1979年	23,300	1,123
はるか	2001年	25	2015年	884	754
はるみ	2001年	80	2009年	1,850	1,435
はれひめ	2002年	1	2013年	1,375	1,229
日向夏	1985年	455	2001年	809	11
ひめのつき	2004年	8	2013年	200	145
文旦	1999年	226	2007年	335	279
ポンカン	1988年	4,134	2011年	11,651	9,376
まりひめ	2004年	4	2007年	488	80
柚子	1995年	1,182	2015年	3,029	2,967
レモン	1968年	62	2009年	2,268	1,757

資料：特産果樹生産動向等調査
注：1）当初生産年は統計として把握できる最初の年であり、栽培開始年ではない。
　　2）最盛期は2016年までのもので、空欄の場合は、当初年もしくは2016年が最大収穫量であること意味する。
　　3）柑橘類は隔年結果が大きい。そのため、2016年が裏年である品目の収穫量は少なくなっている。

移もあり、新品種を導入した新たな経営展開に積極的に取り組む生産者もみられつつある。とはいえ、表3-1に示したように、これまで主に温州みかんからの品種転換により栽培された品目の栽培面積の変化はきわめて大きく、しかも短期間での変動であり、商品寿命としてみると十分に安定的なものが見出されているとは言い難い状況でもある。

　また、図3-2から分かるように、温州みかん・中晩柑類共に栽培面積を減

少させており、農業センサスでみると、愛媛県における1975年の総農家の果樹園面積は34,363haから1990年には26,939haへと21.6％減少し、1990年の販売農家の樹園地面積26,942haから2005年には16,954haへと37.1％減少している。母集団の関係で単純比較はできないが、1975年から2005年までの30年間で園地面積は半減しており、その多くが耕境外の荒廃園になっているとみられる。

（2）果樹地帯における荒廃園地の増加とその構造

１）果樹地帯における荒廃園地拡大の地域差

　表3-2は、2005年センサスのデータを、70市町村（平成の合併前）のエリアで再集計し、販売農家の経営耕地面積のうち樹園地の面積が50％以上かつ販売目的で作付けしている果樹面積のうち柑橘系[注9]の面積の割合が50％以上の27市町村における主な農業構造の指標であり、北から南へと地理的に並べてある。弓削町から関前村までと中島町は瀬戸内の島嶼部であり、その他の市町村は、砥部町を除いて海岸線に位置する。農業地帯区分では表3-2に示してあるように、ほとんどが中間地帯に該当し、樹園地は海岸線からの傾斜地に広がっていると理解してほぼ間違いない。

　これらの市町村の主業農家の割合は、愛媛県平均より15ポイントほど高く、そのうち65歳未満の農業専従者を有する割合も90％以上である。しかし、耕作放棄地の割合は県平均よりも1ポイントほど高い。地域的差に注目すると、中島町を除く島嶼部地域（以下東予果樹地帯）は主業農家や65歳未満の農業専従者の割合が県平均より低い傾向にあり、担い手不足が深刻である。そのため、耕作放棄地率がきわめて高く、表には示してはいないが、1990年と比較してみて、10ポイント以上も増加した市町村が多く見られる。他方、海岸線沿いに位置する地域では、主業農家と65歳未満農業専従者の割合が高く、耕作放棄地の割合は低い。特に保内町から吉田町（以下、南予果樹地帯）までがこれらの傾向が強く現れている。この地域が愛媛県における中核的果樹地帯を形成しており、みかんの銘柄産地として知られている。

表 3-2　愛媛県内果樹地帯の農業構造

単位：戸、%、ha

| 旧市町村 | 地帯 | 2005 年販売農家 | | | | | | 1990 年に対して減少した経営耕地面積 |
		戸数	主業農家割合	65歳未満農業専従者の割合	経営耕地面積	樹園地面積割合	耕作放棄地の割合	
弓削町	中間	45	6.7	66.7	20	90.0	33.3	33
生名村	都市	18	16.7	66.7	8	87.5	27.3	15
岩城村	平地	111	15.3	88.2	94	84.0	33.8	88
上浦町	平地	409	21.8	82.0	321	96.0	21.3	256
大三島町	中間	374	15.0	78.6	259	93.4	30.6	392
伯方町	平地	169	21.3	72.2	115	84.3	26.8	129
宮窪町	中間	124	14.5	77.8	75	89.3	43.2	116
吉海町	中間	135	17.8	79.2	76	55.3	27.6	139
関前村	中間	103	23.3	79.2	76	98.7	17.4	101
大西町	平地	335	15.8	77.4	283	58.0	14.2	172
菊間町	中間	414	27.1	89.3	501	72.9	7.4	211
北条市	中間	1,182	27.8	84.8	1,226	59.0	7.1	463
中島町	中間	917	55.5	94.1	1,271	98.7	8.2	228
砥部町	中間	547	30.0	90.9	581	86.2	16.3	430
双海町	中間	395	26.1	90.3	374	77.5	11.4	296
長浜町	中間	413	20.8	83.7	312	66.0	14.3	267
保内町	中間	429	48.5	92.3	701	98.9	3.7	89
伊方町	中間	412	34.2	87.9	471	99.4	9.9	247
瀬戸町	中間	230	25.2	91.4	251	84.5	7.7	105
三崎町	中間	410	32.2	87.1	447	99.3	13.9	274
八幡浜市	中間	1,499	54.0	94.6	2,030	97.6	2.5	94
三瓶町	中間	315	48.6	93.5	402	96.5	5.9	124
明浜町	中間	340	52.1	89.8	442	99.3	4.7	98
吉田町	中間	1,055	63.7	96.3	1,832	96.7	3.4	400
宇和島市	都市	607	45.0	89.0	708	85.7	9.5	352
内海村	中間	35	2.9	100.0	34	70.6	17.1	35
御荘町	中間	244	32.0	88.5	345	63.2	10.9	171
27 市町村合計		11,267	38.4	91.0	13,255	88.2	9.4	5,325
愛媛県（参考）		36,950	23.3	86.3	37,169	45.6	8.2	17,947

資料：農業センサス
注：1）「65 歳未満農業専従者割合」は主業農家戸数における 65 歳未満農業専従者がいる農家の割合である。
　　2）減少した経営耕地面積は、販売農家における経営耕地面積である。

　とはいえ、**表3-2**にも示したように、1990年からの15年間において、経営耕地面積が大きく減少している。1990年比でみた減少率が一桁台であるのは八幡浜市のみであり、地域的には東予果樹地帯と南予果樹地帯の相対的な程度差はみられるが、耕作放棄地率の増加の数値以上に深刻な農地の荒廃化が

第1編　果樹産地再編の背景

進んでいることが垣間見られる。

2）荒廃園地拡大の構造

　農地の荒廃化は、農地のスムーズな流動化により、ある程度は防止できると言われるが、永年作物を栽培する樹園地に関しては、有益費の問題など水田農業とは異なる特徴がみられる。そのことを統計的に示したのが**図3-4**であり、1990年から2005年にかけての15年間における農地荒廃化と借入動向との相関をみている。

　一見すると負の相関を示しているが、**表3-2**でみた東予果樹地帯と南予果

単位：％

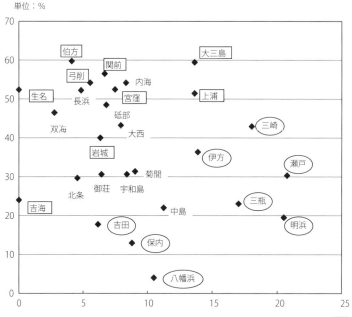

単位：％

図3-4　愛媛県内果樹地帯の農地荒廃率と樹園地借入率の相関

資料：農業センサス
注：1）数値はすべて販売農家の値である。
　　2）Y軸は、1990年から2005年にかけての15年間における農地荒廃率であり、
　　　（樹園地減少面積＋耕作放棄地の増加面積）／1990年の樹園地面積×100である。
　　3）X軸は、2005年における樹園地の借入面積の割合であり、樹園地借入地面積／樹園地面積×100である。
　　4）四角で囲った行政が東予果樹地帯に位置し、楕円で囲った行政が南予果樹地帯に位置する。

表3-3　八幡浜市内3共選管内の農業構造

単位：戸、％、a

| | 2005年販売農家 | | | | | | | 1990年に対して減少した経営耕地面積 |
	戸数	主業農家割合	65歳未満農業専従者の割合	経営耕地面積	樹園地面積割合	借入面積の割合	耕作放棄地の割合	
日の丸	118	54.2	92.2	12,948	99.97	18.6	0.35	-694
川上	170	70.0	93.3	25,189	100.00	10.9	0.24	-650
真穴	194	78.9	96.7	28,468	99.91	13.3	0.77	1,347

資料：農業センサス集落カード
注：1）「65歳未満農業専従者割合」は主業農家戸数における65歳未満農業専従者がいる農家の割合である。
　　2）借入面積の割合は、樹園地ではなく、経営耕地面積の借入面積とその割合である。
　　3）1990年に対して減少した経営耕地面積の値がマイナスであることは経営耕地が拡大したことを示す。

樹地帯別にみると、正の相関がみられる。果樹地帯では、借入面積の割合が多い地域ほど農地の荒廃化が進んでいるといえる。高齢化などにより、農地管理を希望する農家が農地の出し手となり現れると、受け手に当たる農家は、果樹農業の特性から、中長期的な経営計画のもとでは、今日でも購入を選択する傾向にあるといわれている。そうした中長期的展望を見通せない状態にある農家は借入を選択せざるを得ないわけであり、相対的に担い手層が厚く存在しない地域では統計的に借入地の割合が高くなると考えられる。そのため、借入地率の高さと農地の荒廃率が正の相関を示しているものと思われる(注10)。そして、この2つの果樹地帯の差は、地形的条件の差もあるが、産地としての優位性の差であり、相対的な価格差でもある。

　この価格水準と農地荒廃との関係を示すために表3-3を用意した。「日の丸」「川上」「真穴」という名称は「共選」(注11)の名称であり、全国的にも有名なみかんの銘柄名でもある。これら3共選のみかんの価格は相対的に高い(注12)。これら3つの共選が位置する八幡浜市は表3-2や図3-4で見たように、担い手層が分厚く形成され、荒廃農地はあまりみられないが、3つの共選管内では特にその傾向が強い(注13)。「日の丸」と「川上」では、この15年間に農家が地域外での農地取得か借入を行ったためと考えられるが、経営耕地面積が拡大している。つまり、価格水準の優位なところほど、より担い手層が

分厚く形成され、農地の荒廃化がみられないのである。そのため、根本的な荒廃農地対策の課題はそこにあるが、地域独自の農地管理システムの構築への取り組みも見逃せない。

3．共選を主体とした農地管理システム
—西宇和農協川上共選を事例として—

　西宇和農協川上共選は、八幡浜市の中心部から南に位置し、傾斜地に石積みした段々畑にみかん園が広がっており、みかん栽培の限界と言われる標高350mまで農地が続いている。川上共選の資料（2009年）によると、構成員は187名で平均1.3haの経営規模であるが、専業農家のそれは1.9haであり、3ha以上の経営規模を有する農家も10戸みられる。相対的に価格水準の高い販売単価を実現している共選であるため、荒廃農地もほとんどみられないが、農地管理に対する共選を中心とした自主的な取り組みも注目される。

（1）基盤整備への取り組み

　本地区の基盤整備、特に農道整備への取り組みは、みかんの増殖期にまで溯り、1964年度〜1971年度に農地保全事業として基幹農道29.8kmを承排水路兼用農道として整備している。さらに、1974年に国営南予用水事業の付帯事業として県営畑地かんがい事業が開始されるに当たり、当該地区がモデル地区の指定を受け、多目的スプリンクラーが地区内全農地に設置されることとなる。この時、施設や作業道路の設置場所をめぐる農地所有者との仲介に共選の果たした役割が大きかったことから、以後の農道整備に関しての共選のイニシアチブが高まったといわれている。

　多目的スプリンクラーの設置は、1976年に工事が開始され、1982年に完成しているが、この完成時に地区内の農家に対して経営意向調査を行ったところ、スプリンクラーで防除と灌水作業が大幅に軽減されるため、2haまでの栽培面積の拡大は可能ではないかと回答した農家が多く見られた。そこで、

２tトラックで園地まで入ることが可能となる作業効率を実現するため、次項でみる農地の流動化対策と並行して、改めて農道整備を進めることを検討した。

1989年〜1995年には、環境整備支援対策事業などを利用して、11路線11.5kmの整備を進めた。これらの農道の整備には、地区の将来を考えながら、路線上に位置する農家が話し合い、自主的に計画案をまとめ、農道組合を組織し、順次農道設置を進めてきた。さらに、1997年〜2007年には、担い手への農地集積を前提として^(注14)、担い手育成型畑地総合整備事業を利用した整備を進め、19路線9.7km基幹農道を整備した。この時期の農道整備でも路線ごとに農道組合が組織されている。

2009年において、農道は51kmで、路線密度は１ha当たり203mであり、作業の効率化に大きく寄与している。

（２）農地流動化の斡旋

共選が農地流動化の斡旋業務を本格的に行うようになった契機は、1988年に管内農家において、40歳代の働き盛りの経営主が突然死去し、２haほどの農地が売り出されることになったおりの入札結果の問題化である。当時の相場が10a当たり約300万円のところ、500万円の高値がつき、近隣の農家などから、経済力のある農家のみが農地購入を行えるのでは、計画的農地集積の妨げになるとの不満が共選に寄せられた。また、スプリンクラーの設置が終了し、その維持管理体制の構築、農道整備の結果生じた中途半端な面積となった農地の交換分合的流動化も必要であった。さらに、1990年に行ったアンケート結果からは、現在の経営主がリタイアする時期には農家戸数が半分になることも予想され、担い手への計画的な集積を地区単位で進めることも課題としてあげられていた^(注15)。

そうしたことを考慮し、管内の農地の売買と貸借の全てを斡旋・調整することを目標として、共選が農地流動化委員会を立ち上げた。その農地流動化の進め方は、①規模拡大希望農家と規模縮小農家のリストアップ、②情報の

表 3-4　川上共選における農地流動化

単位：a、園地

	売買		賃貸		合計	
	面積	園地数	面積	園地数	面積	園地数
2000 年度	79.4	9	384.8	53	464.1	62
2001 年度	85.9	13	563.1	62	649.0	75
2002 年度	70.3	12	554.8	45	625.1	57
2003 年度	47.3	8	438.9	35	486.2	43
2004 年度	17.0	7	386.5	49	403.5	56
2005 年度	287.1	28	773.7	85	1,060.8	113
2006 年度	143.3	19	485.6	46	628.9	65
2007 年度	78.6	8	795.5	73	874.1	81
2008 年度	349.9	31	460.4	59	810.2	90
2009 年度	164.3	11	293.5	29	457.8	40
合計	1,322.9	146	5,136.7	536	6,459.6	682

資料：川上共選総会資料
注：1）賃貸に関しては、再設定を含む。
　　2）年度は1月1日〜12月31日であり、2009年度は3月末の実績である。

収集活動、③斡旋調整活動、④荒廃園対策である[注16]。斡旋は、近隣農家、または後継者など担い手を有する規模拡大意欲のある農家を優先し調整を図っている。また、農地の荒廃化の事前情報に基づき、本人の申し出がない場合でも流動化の斡旋を進めるケースがある。さらに、流動化の斡旋が実現しない農地は、新たな農地の利用者が現れることも狙いとし、地権者の負担を基本として伐採など再整備を進めている。こうした実績は表3-4にみられるように、2000年から2009年の10年間でも賃借51.4ha、売買13.2haに及んでおり、賃借の場合には再設定も含まれるが、合計面積では川上共選管内の25％以上にも当たる[注17]。

（3）共選による農地管理の意義

　以上のように、共選が農地管理に自主的に取り組んでいるが、従来からの共選の役割として、生産指導から販売対応までに至る多くの面の機能でも自主・独立性が貫かれている。特に、1993年に現在の西宇和農協が設立されてから、共選の独自性が強まったとみられる[注18]。これは、共選管内と同等のエリアにあった川上青果農協[注19]の本店が、合併により支店の位置づけ

になるため、農協職員の業務が従来とは異なることが想定され、これまでの共選単位の役割を残すためには、共選を再編して、生産者がより多くの役割を担う必要があるとの判断からである。

その後の共選の名称は、光センサー問題[注20]の影響で「川上柑橘共同選果部会」となり、農協の下部組織であることを明確にしているが、基本的自主性は貫かれている。共選には販売委員会、生産委員会、畑地かんがい委員会、基盤整備委員会、農地流動化委員会、農業共済委員会が組織されている。また、土地改良区の下請け的役割でもある「川上地区農道組合」と集落協定に基づいた中山間地域等直接支払の業務を行う「川上地区中山間組合」も事務局を共選においている。中山間地域等直接支払の集落協定の範囲が共選のエリアと一致し、協定参加者が共選構成員である。そのため、農地管理に関係する様々な連携体制が共選の中で進められ、先に見た農道整備と農地流動化などが並行的にスムーズに行われてきた。

さらに、中山間地域等直接支払の交付金の使途に関して、特に地区の独自性がみられ、農地荒廃化の防止のみならず、積極的に地域農業の課題への対応にその資金が用いられてきた。2008年度までは、交付金の半分は個人配分としていたが、組合の活動として、スプリンクラー施設の点検修理費、スプリンクラー防除・灌水助成金、放任園地対策などに予算を割いてきた。さらに、2009年度からは全額を組合の活動・事業費とし、その半額を農道や畑かん整備の償還助成に使い、農家負担軽減に役立てている。

このように、共選が地域農業の課題にトータルで対応できる体制を整えていることは、地域の農地管理の面においてもきわめて重要なことと考えられる。その論理として、高品質生産維持のためのみかん品質管理の要請からとの指摘[注21]もあるが、地域農業の課題に自主的・組織的に取り組む生産者の結集力に注目する必要があると思われる。出荷組合時代からの生産者の自主・独立的運営の数々は、協同の取り組みそのものであり、そのことがベースとなり、相対的に有利な販売価格も実現していると考えられる。

4．地域組織による農地管理
　　―俵津農地ヘルパー組合株式会社を事例として―

　俵津農地ヘルパー組合株式会社（以下、ヘルパー組合会社）は西予市明浜町（旧明浜町）俵津の脇・新田地区に位置している。旧明浜町管内は、**表3-2**でみたように、経営耕地面積の99.3％が樹園地であり、主業農家の割合は52.1％と高いが、そのうちの65歳未満農業専従割合は90％を下回っており、南予果樹地帯の中では相対的に高齢化が進んでいる。また、旧明浜町でも明浜共選があり、川上共選と同様に生産者の組織化と事業活動が行われているが[注22]、川上共選よりもエリアが広範囲であり、中山間地域等直接支払の集落協定は旧明浜町内、すなわち明浜共選内で8カ所に分かれている。

（1）俵津農地ヘルパー組合株式会社の組織・事業概要

　ヘルパー組合会社の原型にあたる組織の設立契機は、2000年頃に、地区内の経営主年齢50歳の農家が突然死去し、その1.5haの農地管理の必要性が生じたためである。その農地は急傾斜地に位置していたが、川上地区と同様に南予用水多目的スプリンクラーが稼働している農地であり、償還や近隣農家への影響から荒廃化をすることは許されなかった。とはいえ近隣農家の中で固定的に借入して経営を行う労働力を有する農家が見当たらないため、地区の数名で管理する取り組みが始まった。その後、1名の常勤的農業従事者が作業に携わり、地区の数名が手伝う形で行われたが、農作業従事者はみかん作業に初めて従事する素人であり、地区の農家も自分の経営があるため、管理する農地の作業が遅れる傾向になり、徐々に農地が荒廃化してきた。そのため、正式な組織を設立することが検討されたが、近隣の高齢農家からは、地区全体的に急傾斜地の農地管理に対する要望もあがってきた。

　新たな組織は「農地委員会」という名称で、2002年9月に7戸の農家を構成員にして設立された。その時に利用権を設定した経営面積は当初の1.5haを含む5.5haであり、主に急傾斜の農地を10戸の農家から引き受けた。2003

年には専従の作業員が 2 名増え 3 名になるが、増えた 2 名も農作業は素人であり、作業的には未熟な面もみられた。そこで、7 戸の農家は、毎週月曜日には必ず集まり、その週における作業の段取りを話し合い、具体的に施肥や農薬散布の助言を行う体制を整えた。

　さらに、各種補助金の対象組織となることを目的に、2004 年 6 月に脇・新田地区南予用水利用組合を特定農用地利用改善組合とし、2004 年 7 月には組織の名称を「脇・新田農地ヘルパー組合」と変更して、農地集積目標を地区の 50% 以上に設定した。同年 8 月には特定農業団体に認定されている。しかし、農作業の部分的な請負面積は増加したが、利用権を設定した農地管理面積は特に増加しなかった。

　その後、団体の法人化移行期限も近づいたため、2008 年 3 月には「俵津農地ヘルパー組合株式会社」を設立した。株主は、従来の農家 7 戸のうち 5 戸の 5 人と新たな農家 2 戸の 2 人、専属的従業員 3 人、それと地域の総合農協である東宇和農協である。農協の出資割合は特に多くはなく 10% であり、全体の出資金は 100 万円である。

　法人化に伴って株式会社を選択した要因は、後述するように、農作業以外の事業も実施していたため、事業内容をあまり制約されないで展開するためである。また、2008 年には専属の作業員をもう 1 名増加し 4 名体制に至っている。作業員の年齢構成は、上から 55 歳、45 歳、30 歳、25 歳である。その後、経営耕地は若干増加し、6.2ha になっている。

（2）俵津農地ヘルパー組合株式会社による農地管理の実態と経営展開

　ヘルパー組合会社と農地の出し手である地主の利用権設定の契約内容は、小作料ゼロの使用貸借であり、南予用水多目的スプリンクラーの設備に関わる費用のうち、償還金に加えて、クーラー防除と灌水の利用料金も地主負担である。地主側は完全に費用の持ち出しになるが、条件の悪い急傾斜地がほとんどであることも要因であり、同意のもとに条件が決められ、特に問題は生じていないとのことである。これは、比較的若い労働力を有するにもかか

わらず、条件の悪い農地のみを貸出にまわす農家が多く出ることを阻止する目的でもあり、基本的に農地委員会時の方式から変更されていない。

　こうした借り手側であるヘルパー組合会社にとってきわめて有利な条件ではあるが、経営する農地は、管理も疎かになりがちな急傾斜地であり、すでに樹齢的に生産力が劣るところも多くみられ、作業効率のきわめて悪いところが多くみられた。そのため、改植も積極的に行うこととなるが[注23]、数年間は収穫物が少なくなり収入減につながる。また、作業効率が悪い農地においては、労働力が多く必要であり、人件費が拡大せざるを得ないため、借り手側に有利な条件としている。

　さらに独自の収益を得るための取り組みも行っている。1つは農業生産以外の事業の取り組みであり、脇・新田農地ヘルパー組合の時期からの事業であるが、住宅の修繕や掃除の手伝い、地区に不在となっている家族のお墓の管理も請け負ってきた[注24]。もう1つは独自販売の取り組みである。農協の共選への出荷のみでは単価が低くなるため、明浜共選のルール内の特例販売[注25]として、顧客への直接販売にも積極的に取り組んでおり、加工品としてジュースの販売も行っている。

（3）地域組織による農地管理の意義

　ヘルパー会社の2008年度の決算は**表3-5**に示した通りである。収入の大部分は生産物の販売であるが、個別販売分は輸送費の負担分も売上に計上されるため、実際の果実販売以上の金額になっている。また、肥料の販売も一定額あるが、会社の関係者が元漁業関係の仕事に従事していたため、魚粕の斡旋を行っている。他方、費用の半分以上は給料であり、営業利益ではマイナスである。営業外利益を含んで経常利益ではほぼ均衡している構造であり、株式会社化する以前も、ほぼ同様の収支決算状況であった。

　営業外利益は改植に伴う受入補助金と中山間地域等直接支払の集落協定組織からの支払が大きな割合を占めている。この直接支払は、地区の耕作放棄地化防止に役立っているとの位置づけで、年間約100万円の支払を受けており、

表3-5　俵津農地ヘルパー組合株式会社の損益計算

単位：円

売上高			15,419,121
	うち	農産物販売	10,094,578
		作業受託	2,455,198
		肥料購買	1,828,250
		加工品販売	1,021,500
		その他	19,595
販売費・一般管理費			17,297,288
	うち	給料	9,031,472
営業利益			-1,878,167
営業外収益			1,756,701
営業外費用			51,550
経常利益			-173,016

資料：俵津農地ヘルパー組合株式会社通常総会資料

面積割りの個人配分とは別である。2008年度から経営面積が増えたことは先述したが、その増えた農地のうち40aは、中山間地協定内であるにもかかわらず地主が耕作放棄地化し、地区として問題となり、市の要請でヘルパー組合会社が経営を行っている農地であり、改植も実施した。地主とは契約の合意に至っていないため、スプリンクラーの経常費負担もヘルパー組合会社の負担となるが、荒廃化したら近隣の農家にも迷惑が及ぶという地区とヘルパー組合会社の判断で農地管理が行われている。

　このように、脇・新田地区の農家が皆でヘルパー組合会社を支えるという協同の理念をベースにして、地域組織としての位置づけも有しているとみられる。当初は、特定の農家の集まりとしか見なされなかった時期もあったが、農作業のみではなく、地区の生活を支える事業にも取り組む中で、地区の農家・住民の間に事業を通した様々な交流が生じ、信頼関係が構築されてきていると考えられる。役員は、農地委員会時から無報酬で組織を支え、従業員は、経営的問題から時給が引き下げになっても[注26]、地域の生活と農業を支えるためとの使命も有して経営に関わっている。

5．果樹産地の農地管理と地域の取り組み

　愛媛県における果樹地帯の農地の荒廃化は統計的には耕作放棄地の拡大よりも、農地そのものの耕境外への後退となって現れていた。その地域的特徴の構造分析からは、借入地の割合が多い地域ほど農地の荒廃化が進展するという特徴があり、樹園地の借入は、規模拡大意欲の高い農家が借入を進めるという形よりは、農地の管理をお願いする農家が急速に増加している地域において、荒廃化と背中合わせで進んでいる構造にあると考えられる。

　こうした、いわば借り手市場化した農地市場のもとでも、農外からの企業参入は果樹地帯（特に柑橘地帯）においてはほとんどみられず、耕作放棄地再生利用緊急対策の交付対象組織が柑橘農業に携わる事例は、愛媛県内では皆無である（2009年11月末現在）。農地法の改正に関わる、流動化の促進での果樹地帯の農地荒廃化対策には限界があることは現実的にも明らかであろう。根本的には、価格の低迷による生産者の意欲の低下であり、これに手を打たなければ荒廃地対策は成り立たない。

　とはいえ、そういった条件下でも地域の独自の方法で、農地の荒廃化を未然に防止し、荒廃農地拡大を少しでも阻止する取り組みを2つの事例では確認できた。地域・産地条件の相違や農地管理の地域的取り組みの形態の相違はあるが、共通して言えることは、地域農業を地域の手で守る協同の理念が取り組みを支えていると考えられた。共選や地域組織に携わる役職員における自主的・主体的取り組みと地域の農家・住民の協力がそれを支えていた。しかし、協同の取り組みといえば聞こえは良いが、極端な言い方をすると精神力で地域農業を支えているとも思われる。そうした地域に対する矜持で荒廃化の瀬戸際にある地域農業を何とか維持しているのである。

　しかし、より一層の労働力の高齢化、スプリンクラーなどの償還金の支払終了後の農家の判断、中山間地域等直接支払制度の今後の位置づけなど、こうした取り組みの存続条件には不安定な要素もある。個人だけでも生き残る

ために、地域とは相対的に独立した個人販売に重点を置く経営が増加している点も、地域農業のあり方としては検討する必要があると思われる。繰り返すようであるが、生産意欲の低下につながっている価格条件の回復に向けた本格的な政策展開が一刻も早く望まれる。

注
（注1）加工用価格の低迷とみかん産地の衰退の関連分析に関しては、幸渕文雄「みかん危機とその再生の方向」『農業・農協問題研究』第45号、2010年11月、幸渕文雄「かんきつ農業の再生をいかに図るか」村田武編『地域発・日本農業の再構築』筑波書房、2008年、参照。また、みかん農業の1990年代後半における経営収支の分析は、清水徹朗「みかんの需給動向とみかん農業の課題」、『農林金融』第55巻第8号、2002年8月、を参照。
（注2）阿川一美『果樹農業の発展と青果農協』1988年、黒瀬一吉『ミカン作経営の発展方式』明文書房、1989年10月、相原和夫『柑橘農業の展開と再編』時潮社、1990年、を参照。
（注3）果樹農業の構造的特質に関しては、桂明宏著『果樹農業流動化論』農林統計協会、2002年、p.46、p.308を参照。基盤整備の遅れに関しては、松岡淳「かんきつ産地における農地問題の実態と農地管理の展望」村田武編『前掲書』、有益費問題に関しては農林水産省「農地賃貸借における有益費等に関する調査研究結果報告書」2009年3月を参照。
（注4）後述するように、果樹地帯においては、経営耕地面積の減少が著しく、耕作放棄地面積にカウントされない耕境外化も進んでいる。ここではそれら両方の意味を含む用語として「農地荒廃化」とする。
（注5）愛媛県では、温州みかんの生産量第1位を和歌山県に奪われた後も、柑橘生産量は第1位であることを強調している。
（注6）阿川一美『前掲書』p.116、参照。
（注7）阿川一美『前掲書』、相原和夫『前掲書』参照。
（注8）2019年4月には、「愛媛果試第28号（紅まどんな）」と「甘平」を交配した新品種「かんきつ愛媛48号（紅プリンセス）」が公表され、更なる期待が高まっている。
（注9）具体的には、温州みかん（露地・施設）、なつみかん、その他柑橘類、の合計である。
（注10）2つの果樹地帯以外の地域でも近隣地帯間では右上がりの相関になる。具体的には、「大西と菊間と北条」、「双海と長浜」、「内海と御荘」の関係である。
（注11）序章、注27を参照。
（注12）これら3共選の相対的価格水準の高さに関しては、斉藤修編著『地域ブランドの戦略と管理』農山漁村文化協会、2008年、pp.143-147を参照。

（注13）細かく見ると、「日の丸」は八幡浜市街地に隣接するため主業農家の割合
　　　　が低い。また、「真穴」では荒廃率としてみると八幡浜市平均より若干高い値
　　　　を示している。とはいえ、農業センサスのデータであるため、属人的データ
　　　　であり、出作からの引き上げが経営耕地面積の減少になり、必ずしも地域の
　　　　農地が荒廃化していないことも考えられる。いずれにせよ、それほど大きな
　　　　割合ではないと考えられる。
（注14）20％の流動化を実現すると、公庫からの借入利子が免除される。
（注15）麻野尚延『みかん産業と農協』農林統計協会、1987年、および阿川一美『前
　　　　掲書』、においても、農地流動化や農用地利用調整の必要性は指摘されているが、
　　　　実務的な問題もあり、当時は課題を提示するに留められていた農協がほとん
　　　　どであった。
（注16）田中治志「活力ある産地作りへの取り組み―川上地区における農地流動化
　　　　の取組事例―」『果樹園芸』、2007年 8 月。また川上共選の農地流動化委員会
　　　　の取り組みに関しては、桂明宏『前掲書』も参照。
（注17）その後の実績については、板橋衛「愛媛県における農業の担い手像と地域
　　　　農業再編主体としての農協機能」『農業問題研究』第50巻第 1 号、2018年 7 月、
　　　　参照。
（注18）詳しくは、第 7 章参照。
（注19）名称に「青果」が入っているが、専門農協ではなく、地域の総合農協である。
（注20）光センサーの入札に関する問題であり、落札業者が必ずしも入札提示価格
　　　　が低い業者ではなかったことが問題となった。それは、共選を構成する役員
　　　　が運営に対して強い権限を有していたため、落札業者を入札提示価格とは必
　　　　ずしも関係なく恣意的に決定したのではないかという点が問題となった。そ
　　　　のため、必要以上の補助金が支払われたことが愛媛県全体で問題になり、共
　　　　選の位置づけに関して県の指導が行われた。
（注21）桂明宏『前掲書』p.310。
（注22）明浜共選の組織・事業・経営分析に関しては、第 6 章および板橋衛「かん
　　　　きつ産地の再編と農協」、村田武編著『前掲書』を参照。
（注23）こうした経営の決定権は完全にヘルパー組合会社に任されているようであ
　　　　り、有益費に関わるトラブルは生じてはいない。
（注24）年間 4 回の管理作業を行うことで、 2 万円以上の作業料金を設定している。
（注25）選果組織を通さない個人販売であるが、その販売量は明浜共選に報告し、
　　　　共選の運営に関わる経費と一定の手数料を支払っている。
（注26）時給だけで見ると臨時雇用の賃金の方が高いと見積もられる。

第4章

愛媛県における系統組織再編と専門農協の統合

1．はじめに

　戦後、農業協同組合法の公布と共に、市町村では農業会の解散と総合農協の設立が急速に進行し、愛媛県内では1948年9月末において、**表4-1**に示したように、普通農協（総合農協）334組合、特殊農協（専門農協）138組合が設立された。正組合員数は、総合農協が15万4,779人、専門農協が1万5,491人であり、一部は総合農協と専門農協への重複加入になる二重構造になっており、愛媛県の農協における特徴的な構造として、その後の問題のタネとなるのである。

　設立された専門農協の多くは養蚕農協であり、小規模な任意組合が中心である。他方、果樹関係の園芸農協は、農協数は6組合と少数ではあるが、戦前の同業組合の系譜を継ぐものであり、組合員数が多いのも特徴である。総合農協系統が、その後の経営不振による再建整備期間に営農指導員を減少させて[注1]、青果物や畜産物の販売取扱に消極的な展開を示すのに対して、青果物の需要拡大に応えた生産拡大と販売事業の展開に取り組んでいくことになり、大きな存在感を示すこととなる。そのため、1961年からの基本法農政に基づく選択的拡大政策により生産拡大を目指した青果物の生産販売への取り組みに対して、経営的に回復してきた総合農協側と、その取り扱いを巡って組織紛争にまで発展することとなる。しかし、第3章で見たように、その後、柑橘類の生産は減少し、さらに価格低下の影響もあり、青果専門農協は、柑橘類の生産販売事業のみに依拠した事業展開では経営を維持することが難しくなる。その結果、愛媛県の農協組織は、専門農協側と総合農協側との合

75

表 4-1　愛媛県における農協の設立状況（1948 年 9 月 30 日現在）

単位：組合、人

地区	普通農協		開拓農協		養蚕農協		農産農協		畜産農協		園芸農協	
	組合	組合員数	組合	組合員数	組合	組合員数	組合	組合員数	組合	組合員数	組合	組合員数
宇摩	26	11,510	1	62								
新居、西条、新居浜	26	11,249										
周桑	17	10,240										
越智、今治	46	26,468	1	23					1	1,156		
温泉、松山	49	27,480	3	88					1	31	2	3,166
伊予	16	10,634	3	126							2	407
上浮穴	15	8,108										
喜多	31	14,564	4	103	58	1,971						
西宇和、八幡浜	32	14,841			9	2,290	2	213			1	331
東宇和	23	10,572			18	2,664	1	50	1	88		
北宇和、宇和島	36	19,717	9	306							1	1,120
南宇和	17	6,677	3	161	16	1,332	1	33				
合計	334	172,060	24	869	101	8,257	4	296	3	1,275	6	5,024

資料：愛媛県農協中央会 20 年史（元資料は『愛媛県統計年鑑』）p.205 より引用。

併を選択する系統組織再編に取り組むこととなる。

　本章では、こうした愛媛県における系統農協組織再編の過程として、青果専門農協系統と総合農協系統との合併経過を振り返る。そして、合併後の事業展開を統計的に分析することで、愛媛県における系統農協組織再編の現段階を整理して、今日における農協「改革」にみられる営農経済事業へのシフト問題を検討する。

２．青果専門農協の設立と組織紛争への展開

（１）青果専門農協の設立とその事業展開

　愛媛県における青果物なかんずく柑橘類の生産販売に係わる団体は、戦時中は農業会に統合されたが、戦後、その解体に伴って、青果物の取り扱い専門の独立組織を再編成する意向が強まり、1947年12月に県段階の組織として農協法に基づかない任意組織である愛媛県園芸協同組合連合会が設立されている。しかし、この組織は生産者の自主性に基づいて郡町村からの積み上げによって設立された組織ではなく、農業会青果課をそのまま独立させた統制団体としての性質を有する組織体であり、十分な活動を見ることはなく、1948年6月に解散している。

　その後、農協法に基づいて、総合農協組織と並存する形で郡市を単位とする青果専門農協が設立されてくる。郡単位の連合会を含んだ青果専門農協の設立状況は、表4-2に示したように、9組合が設立されており、伊予園芸農協、温泉青果農協、宇和青果農協、西宇和青果農協、周桑青果農協、新居浜園芸農協の6組合が単一組織であり、喜多郡青果販売農協連合会、宇摩郡青果販売農協連合会、越智郡園芸農協連合会の3組合が連合組織である(注2)。また、これらのうち戦前の同業組合の流れを継承しているものは、宇和青果農協、温泉青果農協、伊予園芸農協、西宇和青果農協、越智郡園芸連であり、その他の組合は、地区単位の任意の出荷組合などを継承する形で設立されている。そのため、実質的には戦前からの組織を継承して、それを基礎に成立した組

表4-2 愛媛県青果販売農業協同組合連合会会員の概要（1958年3月時点）

郡別	組合名	設立年月	組合員数	出資金（円）	共選場数
伊予郡	伊予園芸農協	1948年7月	2,657	4,092,300	15
温泉郡	温泉青果農協	1948年9月	7,876	34,178,000	23
東・北宇和郡	宇和青果農協	1948年9月	3,153	41,997,857	31
喜多郡	喜多郡青果販売農協連合会	1948年9月	会員数：30	3,764,000	25
西宇和郡	西宇和青果農協	1948年10月	3,083	1,943,600	52
宇摩郡	宇摩郡青果販売農協連合会	1949年3月	会員数：18	210,000	-
周桑郡	周桑青果農協	1952年4月	1,200	7,500,000	25
越智郡	越智郡園芸農協連合会	1953年6月	会員数：38	9,831,000	26
新居郡	新居浜園芸農協	1954年6月	200	56,000	6
愛媛県（参考）	愛媛県青果販売農協連合会	1948年10月	会員数：9	77,240,000	-

資料：『愛媛青果連50年史』

合がほとんどである。

　青果専門農協の事業の中心は販売事業であり、町村組合（出荷組合や総合農協）における選別・荷造りなどの指導、市況の調査、管内の各町村組合の出荷調整、駅や港までの荷出し、貨車の手配および市場への輸送、荷受期間への販売委託、販売代金の徴収と精算および町村組合への送金、不足の損害に対する共済などである。そして、この販売事業に付随して、ジュース原料搾汁・缶詰加工などの生産物加工、荷造り資材・苗・肥料などの生産資材購入斡旋、生産技術に対する指導を行っていた。

　県段階の組織としては、**表4-2**にみられるように、愛媛県青果販売農業協同組合連合会（愛媛青果連）[注3]が1948年10月に設立される。これは、前述した愛媛県園芸協同組合連合会と時期的には後継になるが、組織を継承したものではなく全く別の組織である。しかも、郡市の組合は戦前からの継承であるのに対して、愛媛青果連はそうした系譜もない組織である。当初は、具体的な経済活動を行うというより、会員の全県的な連絡調整を主な任務としており、当初の事業予定に加工事業の実施が入っているとはいえ、実際の業務開始は1952年であり、経済事業組織としての性格は弱かったとみられる。

すなわち、柑橘類の集出荷から市場交渉までの具体的販売業務は、青果専門農協段階で行われ、青果連はその上にあってそれらの連絡調整と共通業務の共同処理を中心としていた[注4]。そのことは、初年度に計画された23万円の事業費のうち、教育情報費が10万円で最も大きな割合を占めていたことからも垣間見られる。しかし、その後は、市場駐在員制度を設け、愛媛青果連としての市場出荷・販売対策を強化し、加工事業は青果連事業の根幹をなす事業へと拡大を遂げることになる。

（2）組織紛争の背景と経緯

　こうした組織構造を有して事業展開を行っていた愛媛県における青果専門農協と総合農協、および県連段階における青果連と経済連の対立抗争は、表面的にはみかんの販売取扱を巡る紛争である。しかし、経営不振下において不採算部門の事業として青果物の生産販売取り扱いを著しく縮小していた総合農協系統に対して、専門農協系統は、信用事業等への進出の制限を受けた中での事業展開であるにもかかわらず、愛媛県の柑橘農業部門を支えてきたという自負がある。そのため、総合農協系統の青果物の生産販売取扱事業への進出は、青果専門農協にとって容易には納得しがたいものがあったのであった。

　総合農協系統側における愛媛県の青果物に関する農協事業の展開は、経済連は1952年に設置した青果課を不採算事業として実質的には1957年に廃止しており、再建整備期の総合農協は、先述した営農指導員の減少に見られるように、営農経済事業そのものを縮小していた。その中で、青果専門農協が、青果物生産を行う農家に対して、生産指導および販売・加工事業を行っており、新たに柑橘作の拡大がみられた東予地区では、1952年周桑青果農協、1953年越智郡園芸農協連合会、1954年新居浜園芸農協が設立されるなど、積極的な対応を行っていた。

　そうした愛媛県において、1961年に制定された農業基本法とそれに基づく選択的拡大および構造政策の中で青果物が成長農産物として位置づけられた。

そして、その作目振興と構造改善事業として大規模園地造成や大型集出荷選果場の建設が進められることとなったため、生産者および産地・共選（出荷組合）に大きな影響を与えた。また、同年に農協合併助成法が公布されるが、この法では、信用事業を行う組合、いわゆる総合農協が2組合以上加わる合併のみが対象であり、専門農協は総合農協に吸収的に合併される以外には同法の適用を受ける方法がなかった。その中で、農協合併に関して中央会が示した方針の1つとして、果樹地帯における農協合併に当たっては合併を機に総合農協の青果事業拡大と体制の整備を図ることとする旨が示され、そのことが問題となるのである。

　そのような状況の中で、1959年に再建整備を完了した愛媛県経済連が、1960年に畜産園芸部を新設し、翌1961年には園芸部と独立して、明らかに、青果物なかんずく柑橘類の取り扱いに積極的に取り組む姿勢を示すことになる。そのことにより、生産資材をめぐる紛争、青果物の取り扱いを始める各地の組合段階の紛争とそれを後押しする経済連と青果連の紛争など、問題が発生してくるのである。その中で、経営不振に陥っていた松山市五明農協が、1961年に温泉青果農協に救済合併を申し入れたため、問題が急激に表面化する。すなわち、広域の専門農協が総合農協を吸収合併することにより、本格的に信用事業機能を有することになることを危惧する総合農協系統が問題視し、合併の是非をめぐり組織間の対立は激化したのである(注5)。

　この紛争は政治問題にまで拡大し、総合農協系統と専門農協系統の事業のあり方を巡って調整が試みられ、何度となくそのあり方に関する案が示されることになるが双方の納得のいく方針を示すことはできず、1967年1月の知事選での対峙にまで展開することとなる。その後、この対立解消のため、県の指導もあり、1967年に中央会が共通役員体制から独立し、専門農協組織も参加した形で構成することとなり、1968年には信連・経済連・共済連の共通役員も廃止された。こうしたことから、専門農協系統と総合農協系統の和解へと進み、紛争問題は収拾されることになる。

3．愛媛県における農協合併の展開と青果専門農協

（1）愛媛県農協合併基本計画（13農協構想）における青果専門農協の位置づけ

　愛媛県における農協合併の本格化は、1959年11月に県および中央会が協議して合併推進対策を決定したことに始まる。その後、1961年における農協合併助成法の施行もあり、1959年度末に総合農協数は306であったが、1965年末までに46ケース223農協の参加で合併が行われ、この間に7組合の解散があるため、122組合にまで減少した。

　当初、農協合併の方針を示したところ、単協からは連合会の再編を優先させるべきとの意見もあり、農協合併と並行して県連の共通役員体制を1963年5月から中央会・信連・経済連・共済連について実施した。しかし、愛媛県の場合は青果専門農協が総合農協とは別に組織されており、前節にみたように折からの組織・事業の競合問題が表面化する中で、総合農協側を中心とした共通役員体制の実施も紛争を激化させる要因になった。その後、県の指導もあり、1967年10月に中央会は総合・専門両農協組織が構成することとして共通役員体制から分離独立して改組発足し、1968年5月には、信連・経済連・共済連も共通役員体制を解き単独役員体制となり、和解の方向に向かったことはすでに述べた通りである。その中で、両農協組織の代表による紛争解決の協議検討が行われ、今後の愛媛県農業のあり方を含めた総合的な検討の中で、専門農協と総合農協の問題も対処することとなった。

　その方針が1970年2月開催の第20回愛媛県農協大会において「愛媛県農業基本構想」として示され、これを達成するための農協のあり方として、農協系統の再編成の必要性が強く打ち出された。それは、具体的には、**表4-3**に示したように、当時の総合農協118組合^(注6)と青果・酪農・養蚕等の各専門農協37組合（地区連合会を含む）を13組合に再編成するものである。これにより、農協段階は総合・専門を一本化して、これまでの紛争を完全に解決できる体制にすることを狙いとした。この合併計画（「愛媛県農協合併基本計

表 4-3　愛媛県における農協合併基本計画（1970 年）

地区名	総合農協数 1970年	専門農協 青果	養蚕	酪農	参考：総合農協数の変遷 1973年	1991年	2009年〜	
宇摩	14		—		14	9	うま	東予園芸（専門）
新居	3	東予園芸	—	愛媛酪農	3	3	新居浜市、西条市	
周桑	2		—		2	2	周桑	
越智・今治	24	小西園芸（越智園芸連）			24	17	越智今治、今治立花	
温泉・松山	16	温泉青果	—	東温酪農	17	12		
伊予	11	伊予園芸	—	愛媛酪農	11	6	松山市、えひめ中央	
上浮穴	5	—	—	—	5	2		
大洲・喜多	6	—	6	喜多酪農	6	5	愛媛たいき	
八西	14	西宇和青果	2		14	14	西宇和	
東宇和	3		3	—	3	3	東宇和	
宇和島	11	宇和青果	2	南予酪農	8	5	えひめ南	
鬼北	5		4		5	1		
南宇和郡	3	マルエム青果	3		3	1		
合計	117	7	20	4	115	80	総合農協：12、青果専門農協：1	

資料：愛媛県庁資料、愛媛県農協中央会資料
注：1）明浜町農協は農協合併構想の関係で宇和島地区に含まれる。
　　2）小田町は上浮穴地区に含まれる。
　　3）温泉青果農協は、1970 年の欄では専門農協にあり、右側の参考の欄では総合農協数に含んでいる。

画」）は、1970年12月開催の第21回愛媛県農協大会で審議され、1973年度末までに実現するよう大会決議された。

　この13農協構想には、**表4-4**に示した、当時、愛媛県下を８ブロックとして再編成されていた青果専門農協^{（注7）}が果たしている濃密果樹団地の推進、共同選果、マーク統一、市場対応など高度な機能を評価し、その青果専門農協のエリアにおける総合農協との合併を重視した検討結果がみられ、専門農協の事業展開が強く反映された構想になっている。例えば、**表4-3**で示した東宇和郡は、行政区分的には４町であり、宇和町・野村町・城川町・明浜町で構成されているが、明浜町は第３章でみたように町内の農地はほとんどが果樹園であり、組合員のほとんどは総合農協である明浜町農協と青果専門農協である宇和青果農協に加入し、柑橘類は宇和青果農協に出荷していること

表 4-4　愛媛県内の青果専門農協の再編状況

青果専門農協名	設立年	組織と事業の特徴	再編の結果
東予園芸農協	1966年	複数の専門農協の合併で設立、金融事業なし（専門農協）	存続 事業エリアに複数の合併農協が存在
越智園芸連	1953年	経済連から独立した青果部門の地域連合組織（連合会）	会員 14 農協の合併による越智今治農協に包括継承（1997年）
温泉青果農協	1948年	1951年から信用事業も行い、近隣農協と合併して拡大（総合農協）	えひめ中央農協の設立に参加（1999年）
中島青果農協	1965年	7農協と1連合会の合併で設立（総合農協）	えひめ中央農協の設立に参加（1999年）
伊予園芸農協	1948年	青果部門の生産・販売・加工・指導事業、金融事業なし（専門農協）	えひめ中央農協の設立に参加（1999年）
長浜青果農協	1964年	地区の青果連合会と農協が合併して設立（総合農協）	愛媛たいき農協に吸収（1999年）
西宇和青果農協	1948年	青果部門の生産・販売・加工・指導事業、金融事業なし（専門農協）	地域の 14 農協と合併して西宇和農協の設立（1993年）
宇和青果農協	1948年	青果部門の生産・販売・加工・指導事業、金融事業なし（専門農協）	えひめ南農協と合併（2009年）

資料：『愛媛青果連 50 年史』、聞き取り調査

を勘案し、宇和島地区に組み込まれているのである。

　しかし、1973年度末までの農協合併は、伊予、久万、鬼北、吉田町の4つの農協に止まり、1973年度末の総合農協数は102組合であった。合併方針は決定し、各地で協議が行われ、県連合会や行政機関がそのための指導を行ってはいた。しかし、基本的には地域の自主性に委ねられており、青果専門農協と総合農協を合併する具体的な進め方までは明確にはならず、現場段階では方針が定まらなかったとみられる。そのため、その後の農協大会では毎回のように「愛媛県農協合併基本計画」が確認され、13農協構想の実現が目標とされるが、特に目立った進展はみられずに、部分的な農協合併が行われたのみであった[注8]。

（2）愛媛県下10農協構想とその展開

　1991年11月の第28回愛媛県農協大会において、「広域農協合併の促進と系

表 4-5　愛媛県における 10 農協構想策定後の農協合併の展開

年	合併方法	農協名	合併参加農協
1993 年	設立	西宇和農協	総合農協：14 専門農協：1
1994 年	吸収	温泉青果農協 注）温泉青果農協は 1948 年設立	総合農協：2
1996 年	設立	うま農協 注）2003 年に川之江市農協を吸収	総合農協：8
1997 年	設立	越智今治農協 注）1997 年に越智園芸連の権利義務継承	総合農協：14
	設立	東宇和農協 注）1998 年に明浜町農協を吸収	総合農協：3
	設立	えひめ南農協 注）2009 年に宇和青果農協（専門農協）を吸収	総合農協：6 専門農協：1
	吸収	松山市農協 注）松山市農協は 1964 年に 13 農協合併で設立 1997 年以降にも 4 総合農協吸収	総合農協：2
1999 年	設立	えひめ中央農協	総合農協：11 専門農協：1
	吸収	愛媛たいき農協 注）大洲市農協が名称を変更して吸収合併	総合農協：5
	吸収	西条市農協 注）西条市農協は 1965 年に 8 農協参加で設立	総合農協：2
2001 年	吸収	周桑農協 注）周桑農協は 1965 年に 13 農協合併で設立	総合農協：2

資料：「農協要覧」愛媛県庁

　統農協の事業・組織改革に関する決議」をし、あらためて広域農協合併の早期実現について組織決定が行われた。これは、第18回全国農協大会（1988年）における全国1,000農協構想と第19回全国農協大会（1991年）における、組織2段・事業2段体制の実現による新たな系統組織再編の決議を受ける形であり、これまでの13農協構想を基軸とする広域農協合併を、1995年3月末を目途に実現を目指すものであった。そして、この大会決議を契機に伊予・上浮穴地区および宇和島・鬼北・南宇和地区のそれぞれにおける協議の中で、13農協構想の範囲を超えた広域合併を目指すこととなり、県下の合併構想は10地区で研究会が組織されることとなり、その単位で合併協議が進むこととなった。

　その後、1996年11月に開催された第4回愛媛県農協合併推進本部委員会において、今後の合併推進については、遅くとも1998年度末までに「10農協構想を基軸とする合併を推進する」ことが決定されたが、その後の見通しとして、1998年度末においては10農協構想の完全実現には至らない状況が明らかとなった。とはいえ、1998年9月に開催された第5回愛媛県農協合併推進本部委員会においては、①1999年4月現在で県内の総合農協数は15程度となる見込みであること、②1999年4月現在で新居浜地区を除く全地区で核となる農協が存在する、等から合併推進は一段落することとなる。そして、1999年4月以降の合併推進方向は、10農協構想に基づいた農協合併が未実現地区および合併未参加農協が存在する地区においては、農協合併助成法の適用期限（2000年度末）を最終期限として、該当農協が主体的に構想完遂に向けて取り組むこととし、将来10農協構想を超えた合併を志向する地区については、関係農協の合意のもとに進めることとすることが取り決められる。10農協構想に基づいて進められた農協合併は**表4-5**に示した通りであり、現在では、愛媛県下に総合農協としては12農協が存在する[注9]。

4．愛媛県における経済連と青果連の合併と全農への統合

（1）連合会合併研究の展開

　1970年代後半に入ると、みかんの生産・販売環境の悪化を受け、総合農協と青果専門農協の統合問題が農家組合員の立場からも提言されることとなり、1975年4月に開かれた「知事を囲む農業セミナー」の中で、「総合農協と専門農協の合併による生産者組織の一本化」などの訴えがみられた。こうした農家組合員の要望をもとに、5月になると愛媛県知事の提案もあり、経済連と青果連の合併問題が検討されることとなった。

　1975年6月には、両連合会から10名ずつが参加し「経済連ならびに青果連合併研究委員会」が発足し、合併研究期間を1年以内として結論を示すこととして進められた。その結果、1976年には「合併促進協議会」を結成し、合

併により考えられ得る効果や問題点が話し合われ、どちらかの連合会の組織運営や事業方式により統一される組織ではなく、両系統の方式を止揚して長所を活かした新しい方式を創造することで、合併に向けた基本原則が整えられた。そして、1977年の早い段階で基本的な結論を示すこととなったが、専門農協系統は柑橘類の生産出荷の繁忙期に入り、加えて当時の青果連会長の急逝もあり、結論を出せない状態が続き、経済連と青果連の合併問題は再び出直しとなった。

（2）経済連と青果連の合併過程

　1995年10月に「広域合併JAの進展をふまえ、愛媛県経済農業協同組合連合会および愛媛県青果農業協同組合連合会の事業調整および将来に向けての組織問題にかかる基本事項を検討、研究する」ことを目的として「愛媛県経済連・青果連事業組織整備研究会」（委員13名：経済連5名・青果連5名・中央会3名）が発足している。この事業組織整備研究会では、第4回研究会（1996年5月）で中間報告が行われ、1997年度中に青果専門農協を含む10農協構想の過半数の農協が合併実現する見通しをふまえ、総合調整、連合機能を持つ連合組織を大局的見地から再編することが急務であるため、今後は合併を前提として会員農協および組合員農家に対し、理解、啓蒙を進め、組織合意を得て、事業調整を進め、経済連と青果連の合併を目的に、合併の時期・方法・事業方式についての研究会を進めることが決定している。その後は「合併研究会」に組織名称を変更し、合併に向けた具体的な検討を進める。

　この合併研究会では、合併の目標期日を1998年4月とし、合併基本構想として「合併の目的は、総合農協の機能を結集して、組織的に発展してきた経済連と、専門農協の機能を結集して発展してきた青果連が、対等の立場で合併して、組織の二重性を解消、重複機能を統合するとともに、両連合会の長所を融合した事業機能の専門化・高度化をはかることにより、会員・組合員の経営安定をはかり、もって、愛媛農業の振興をはかる」ことを定めている。この方針は1997年4月には両連合会の理事会で承認され、合併の具体的協議

に移行すべく「合併促進協議会」へ発展的に改組して合併協議を進めた。

　経済連と青果連の合併は、1998年4月に予定通り行われ、「愛媛県農業協同組合連合会（以下、県農えひめ）」という名称で発足している。これにより、農業会解散からの二元指導・二元集荷体制のもと、みかんをめぐる事業競合・組織の二重性、機能の重複など長年にわたる懸案の原因であった経済連と青果連という連合会の並立構造が解消したのである。

（3）全農県本部の設立

　愛媛県の農協系統では、1994年度に「組織整備に対する基本的考え方」をとりまとめ、①統合連合組織（県連と全国連の統合）、②農協と県連の統合（1県1農協）、③機能の重点化・効率化した県連および全国連（簡素な県連の存置）の3パターンを示し、愛媛県内の農協合併などの状況が整った段階で再検討を行うことを前提に、簡素な県連存置による「原則事業2段・組織3段」を指向することとしていた。その後、1996年度には、農協合併ならびに農協機能の高水準化が進むとみられ、当面は「農協・県連一体的事業方式」を基本とする「原則事業2段・組織3段」の方向での機能・体制の整備を目指すこととし、諸環境が整備された段階で事業方式と組織のあり方について再検討することとしていた。

　そして、経済連と青果連が合併した県農えひめでは、県内の10農協構想がほぼ実現する見通しとなったこと、全国の事業・組織改編が進んでいることなど、環境変化の情勢判断をして、事業・組織改編の新たな方向の検討が必要であるとして、1998年9月に会長諮問機関である「系統経済事業対策部会」に諮問した。その系統経済事業対策部会では、9回の検討により、①組織改編については合理的・効率的事業システムの構築による競争力強化の観点から「事業2段・組織2段」を目指すこと、②連合会における組織整備の方向は「統合連合」を志向すべきであること、③「統合連合」に基づく組織・事業方式には多くの問題点・課題があり、現段階で組織統合の時期を設定するのは時期尚早であること、④「基本的課題」の解消を中心に、さらに研究・

検討をすすめ、最も組織統合に相応しい時期を判断されたい、との答申を行っている。これは、基本的に全農への統合を前提とした検討であり、県農えひめ発足当時からすでに次の組織再編への取り組みがスタートしていたとみられる。その方向に従って、1999年10月の県農えひめ理事会において「組織整備の基本方向」が決定され、合併研究会を設置して合併に向けた具体的検討に入る。

　組織整備の方向では、県農えひめと全農の合併による「統合連合」方式による組織整備を基本に取り組むこととしているが、組織整備の内容は、将来ポスト10農協構想が発議されても対応できる組織・事業システムとすることが示されている。このポスト10農協構想としては具体的に1県1農協であり、その検討も行われていたのである。これは、県域の経済事業の財産を県域に残すことを主な目的に、複数の農協より「1県1農協構想」を求める意見並びに「1県1農協的の県域一体化事業」の実現を求める意見が提起されたためである。しかし、愛媛県の系統農協内では、まずは10農協構想の完遂を目指すこととし、1農協構想を含むポスト10農協構想は策定しないことを組織決定して県農えひめに対して回答を行っている。この結果、県農えひめの「事業2段・組織2段」実現の選択肢は、県農えひめと全農の合併による「統合連合」に集約された。

　その後、2001年12月開催の全県組合長会において、組織整備の方向は、県農えひめと全農による統合連合であることが明確となり、組織統合の時期は、2004年4月とし、そのための合併条件整備に努めることを確認している。そして、県農えひめが行っていた加工事業や食糧販売事業などを協同会社化することで手続きを行っている。2003年3月には、「県農えひめとJA全農との組織統合について」が承認され、合併委員会が設置された。しかし、この段階で、当時、全農が準備しつつあった「経済事業改革の基本方向」については、これまで検討してきた統合連合による新しい事業方式とは乖離するとの問題提起が県農えひめでみられた。そこで、そのための整合性が図られ、統合メリットと組織のスリム化を図り、先行35県本部と連携協調し、全農「事

業改革」を内から実践するとともに農協経済事業改革に全農愛媛県本部として早期に取り組む体制を整えることを取りまとめている^(注10)[注10]。県農えひめは、2004年3月をもって解散し、4月から全農愛媛県本部が発足したのである。

5．愛媛県における系統組織再編の経過と経営資源の再配分構造

　以上、愛媛県における系統農協の組織再編過程をみてきたが、青果専門農協との合併経過と現状をまとめたものは**表4-3**の右側の参考欄である。県内には8つの青果連加盟の青果専門農協以外にもいくつかの青果事業を中心とした専門農協もあったが、それらの専門農協も、この間の組織再編の中で総合農協と合併しており、今日でも存在する青果専門農協は東予園芸農協のみである。

　専門農協と総合農協が合併する時においては、専門農協におけるより専門的な営農指導と販売事業のスタッフを吸収することにより、これまで以上に充実した営農経済事業機能を発揮することが期待された。**図4-1**は、愛媛県内の総合農協の営農指導員数の推移であるが、青果専門農協との合併により、専門農協のスタッフをほとんど吸収していることから、合併時における営農指導員数の増加として現れていることが確認できる。しかし、数年経つと、1980年代後半からの営農指導員の減少傾向に沿った形で営農指導員数は減少している。

　1980年代後半からは果樹品目を中心とした農産物の生産量が減少し、2000年代前半には価格が低迷するというきわめて厳しい販売環境の時期であった。また、農協経営的にも事業利益が大きく減少し、農協によってはマイナスになっていた時期でもある。こうしたことが営農指導員の減少傾向に歯止めをかけられなかった要因である。

　とはいえ、**図4-2**に示したように、信用・共済事業の職員数は維持しているのに対しての営農経済部門の職員数の大幅な減少とその中での営農指導員の減少でもある。購買事業に関しては、別会社化による職員の異動も関係し

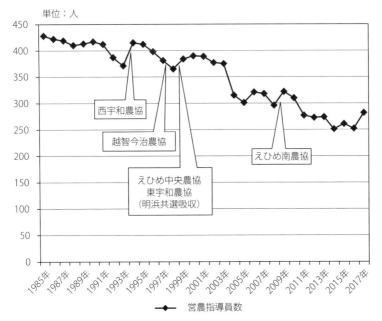

図4-1　愛媛県内の総合農協における営農指導員数の推移

資料：総合農協統計表
注：1）農協名と吹き出しの元の位置は農協合併時期を示している。
　　2）1999年には「愛媛たいき農協」も設立されている。そこでは、青果専門農協である長浜青果農協が合併に参加しているが、長浜青果農協は総合農協であるため、総合農協以外の職員の増加を示すことにはならないので、吹き出しから省いた。

ているとみられるが、第2章でみた営農経済事業改革の帰結でもある。つまり、専門農協の営農指導および販売事業のスタッフを総合農協は吸収してきたが、その拡充どころか維持さえも、農協の経営問題が関係する中で実現できていなかったのである。愛媛県における果樹（柑橘）農業における生産・販売環境が厳しくなる中において、本来であれば専門農協のすぐれた専門スタッフの機能を十分に活かすことが求められていたのであるが、農協の経営環境の悪化がそれを容易には許さなかったとみられる。つまり、「農業所得の増加」「農業生産の拡大」のために営農経済事業の経営資源をシフトさせるべきとはいえ、それは総合農協としての総合的な経営バランスの中でのこ

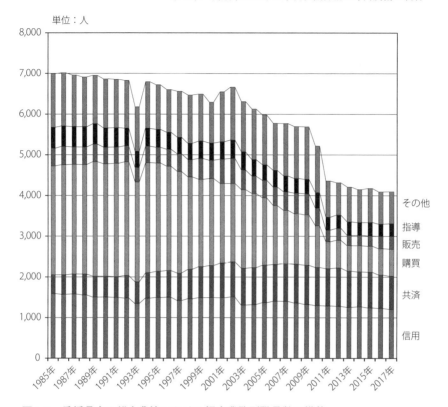

単位：人

その他
指導
販売
購買
共済
信用

図4-2　愛媛県内の総合農協における担当業務別職員数の推移

資料：総合農協統計表

とである。ましてや、信用・共済事業を分離することでそれが実現できるという農協「改革」の考え方は、愛媛県の農協組織が取り組んできた組織再編からは全く理解できない方向であるとみられる^(注11)。

　そうした状況下でも愛媛県の農協では、地域農業の課題を放棄することなく、地域農業振興に取り組んできたのである。それは、営農経済事業のスタッフが減少しているとはいえ、青果専門農協の事業を地域の総合農協が引き継ぐ形で展開してきた。専門農協と総合農協の合併を通して、どのように新しい組織・事業体制を構築してきたのか、その過程を、具体的に農協を事例

として第2編では見ていくことにする。そこでは、信用・共済事業を有していない専門農協における営農経済事業の展開の限界を明らかにすると同時に、総合農協と合併することにより、今日的な地域農業や地域社会に対して、どういった事業機能発揮の課題があるのかを考えていきたい。

注
（注1）愛媛県の総合農協の営農指導員数は、1955年に117名にまで減少する。
（注2）青果専門農協が単一組織を選択するか連合組織を選択するかは歴史的な要因もあり、共選（出荷組合）、地域の総合農協および連合会との関係も多様であった。この点に関しては、阿川一美『果樹農業の発展と青果農協』1988年、pp.152-156、愛媛県青果農業協同組合連合会『愛媛青果連50年史』p.42を参照。
（注3）「販売」の2字は、1966年7月に削除する。
（注4）ただ、取扱量はそれほど大きくはないが、輸出に関しては、愛媛青果連が出荷の主体となり事業を行っていた。
（注5）この点に関しては、阿川一美『前掲書』、麻野尚延『みかん産業と農協』農林統計協会、1987年、愛媛県青果農業協同組合連合会『愛媛県果樹園芸史』1968年、愛媛県青果農業協同組合連合会『愛媛青果連30年の歩み』1977年、愛媛県青果農業協同組合連合会『前掲書』、愛媛県農協中央会20年史編纂委員会『愛媛県農協中央会20年史』1978年、松山市農業協同組合『松山市農業協同組合三十年史』1995年、を参照。そこからは、組織および当事者の立場からみて、事実関係の認識に相違があり、考え方は様々であることがわかる。
（注6）この総合農協数118には温泉青果農協を含む。しかし、**表4-3**では温泉青果農協は専門農協にカウントしている。
（注7）青果専門農協と呼称していたが、この時期においては、実際には**表4-4**からも明らかなように事業的には信用事業も行う総合的な経営を行っていた農協も含まれる。
（注8）愛媛県農協中央会史・第2巻編纂委員会『愛媛県農協中央会史　第2巻』1986年1月、参照。
（注9）愛媛県農協中央会史・第3巻編纂委員会『愛媛県農協中央会史　第3巻』1996年3月、参照。
（注10）県農えひめでは、「愛媛県版経済事業改革構想」を示し、全農の経済事業改革に対して補強・修正を加えている。詳しくは、全国農業協同組合連合会愛媛県本部『県農えひめのあゆみ』2004年8月、愛媛県農協中央会史・第4巻編纂委員会『愛媛県農協中央会史　第4巻』2006年6月、を参照のこと。
（注11）2015事業年度からの業種別の職員数をみると、愛媛県では営農経済事業部門の職員数が増加する傾向にある。これは、自己改革の展開と関係があるとみられる。この点に関しては、終章であらためて考察する。

第2編

愛媛県における果樹産地再編の諸形態

第5章

専門農協による事業展開の限界と総合農協との合併
―宇和青果農協とえひめ南農協の合併を事例として―

　本章では、青果専門農協である宇和青果農協と総合農協であるえひめ南農協の合併を事例として、愛媛県における果樹産地再編とそこにおける農協の関わりを考察するが、農協合併に至るまでの宇和青果農協の分析を中心とし、そこから青果専門農協における事業展開の限界を、信用事業を有していない専門農協の事業構造と関連して明らかにする。そして、その後のえひめ南農協との合併を通した新たな総合農協としての事業展開を分析し、地域農業振興における農協機能発揮のあり方を考察する。

1．戦前期の柑橘販売組織の設立と事業展開

(1) 宇和柑橘同業組合の設立と活動

　愛媛県下で最も早くから温州みかんの生産が組織的に拡大していたのは南予の宇和地方であり、「宇和みかん」の名で産地化されていた。その商品化には地元商人の活動によるところが大きかったが、それは生産者の要求を必ずしも満たすものではなかった。そこで、生産者と商人が一体となって有利販売を実現するために、共同出荷による販売体制構築の必要性が訴えられるようになっていた。

　他方、農会による共同出荷活動への指導は、販売斡旋業務にまで展開していたが、当地の農会には、当時柑橘部門の専門指導員がおらず、市場の要求に応じた指導ができていなかった。そうした中で農会は、生産者の要望に応じるために、技術者の受け皿となる適切な機関を設けることを企図していた。

　こうした状況を背景に農会は、生産者と商人が団結して地域の柑橘産業の発展を図ることを目的に、1914年に宇和柑橘同業組合（以下、同業組合）を設立した。設立された同業組合は、同業組合法により経済行為は禁止され、販売斡旋活動のみであった。そのため、組合運営は商人の組合員からのみ運営費を徴収することとした。それは、商人が出荷する時に容器箱に貼り付ける同業組合の検査合格品であることを保証するための証票料と、箱詰めではなく船積みでバラ積み出荷を行う際の手数料であった。ただ、同業組合ができたとはいえ、生産者にとっての販売先は商人であり、新たな販売体制に変化したという認識は、当初は生産者と商人ともに希薄であったとみられる。

　同業組合が設立されて2年目の1915年に同業組合は専門の技術者を招き、同業組合としての生産指導の基盤をつくると同時に、荷造りや包装の統一指導も徹底することとなり、徐々に同業組合としての一体的な出荷体制が整えられてくる。そのことが市場における有利販売につながり、商人が同業組合として出荷するメリットを自覚することとなり、証票紙を購入するケースが多くなり、同業組合の収入増加にもつながってくる。そうした中で販売拡大のために、同業組合として京浜市場や大陸（朝鮮半島や中国東北部（旧満州））への販売調査も実施している。

　こうした同業組合としての生産と販売に関する活動が、戦後の宇和地方における専門農協である宇和青果農協のベースになっている。

（2）宇和蜜柑販売購買組合の設立と活動

　その後、各地で集落単位に共同出荷組合が設立され、単独で出荷・販売を試みる動きも見られるが、結果は必ずしも期待通りではなく、基本的な出荷・販売は商人に頼らざるを得ない状態は続いていた。そこでは、従来からの商人による集荷方法である園単位での販売を行う「山売り」や農家の庭先での販売である「庭売り」が行われ、中心的な取引方法であった「山売り」では、売買契約後に少なからぬトラブルが発生していた。このように、同業組合が設立され販売面では成果はみられたが、商人の集出荷活動は依然として生産

者の要求を満たすものではなかった。

　そこで、生産者が主体となった出荷組合を設立し、合理的な販売体制を確立することを目的に宇和蜜柑販売購買組合（以下、販売組合）が1929年に設立される。この設立には生産者全員の加入を目標としたが、同業組合の商人による抵抗もあり、希望者のみの参加となっている。この販売組合が事業を開始した秋の出荷から㊥の商標マークが使用されており、それが今日まで続いている。

　販売組合が取り扱う果実の集出荷は、荷造場において検査を経て受け入れが行われ、組合員への支払いは時価見積もりの7割以内として行われている。荷造場は、当初は数カ所(注1)であったが、身近に設置したいという組合員の要望や物流面の利便性を考慮し、徐々に多くの場所に開設されるようになる。それが支部となり、独自のマークを有するようになる。販売先は京浜と阪神両市場が中心であった。

　販売組合は、組合員の生産者に対して、全量を販売組合に出荷することを条件とし、他の方法による販売を行った場合には過怠金を徴収することを定めるなど、共同販売に対する啓蒙活動を行っていくが、当初は商人とのシェアは半々であった。しかしその後、等階級別の販売方法で商人が取り扱う商品との相違を設定し、商人とも契約を結ぶなどの対応を行って徐々に販売量を拡大し、1935年頃には明らかに同業組合を凌駕する販売取扱を行うようになり、アメリカやカナダへの出荷も積極的に行っている。

　しかし、その後の戦時体制下においては、自由な販売は制限され、1941年の青果物配給統制令の施行により、みかん販売は完全に統制される。郡を単位とした県の指定団体が唯一の青果物を出荷できる組織として認められ、東宇和・北宇和青果物出荷組合連合会が設立され、さらに農業会へと収斂されていく。それに伴って、**図5-1**に示したように同業組合等が解散する。

　こうした統制経済体制下においては、集出荷や荷造り作業は農業会の指示で行われるのみであった。とはいえ、この集出荷荷造り作業は実質的には支部の荷造場の施設を利用して支部単位で行われるのである。商人の関与を完

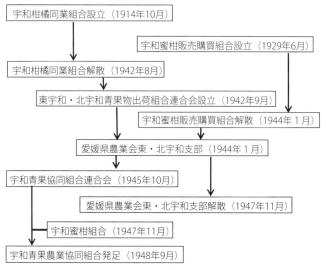

図5-1　宇和青果農協発足までの組織の変遷図

資料：『宇和青果農協八十年のあゆみ』

全に廃した中での生産者によるこうした体制は、戦後にそのまま引き継がれることとなる。戦時体制の集出荷システムが、結果的に生産者主体による出荷販売体制確立の基礎となっている[注2]。

2．宇和青果農協による販売事業の展開と事業の多角化

（1）宇和青果農協の設立と販売事業の拡大

　戦後、みかんに関する統制は1945年11月に廃止され、宇和青果協同組合連合会（1945年10月設立）による自由な販売が開始されるが、価格高騰による混乱から1946年4月に再び青果物統制令による再統制が行われ、本格的な戦後のみかん販売は、再び統制が廃止される1947年10月からとなる。1947年12月には農協法が施行になり、1948年9月に宇和青果農協が設立される（図5-1参照）。

　このように戦後は宇和青果農協の下で新たなみかんの販売が始まるが、実質的には戦前の販売組合と統制経済下の支部組織が集出荷販売体制の中心となり、管内には25の支部が独自のマークを有して活発な活動を行っていた。そのため、出荷マークは㋑よりも支部のマークが前面にでる形となり、荷受、選果、荷造り、販売先の決定までが支部単位で行われていた。宇和青果農協の本部は、販売先の調整、輸送、代金の回収、精算業務を行ってはいるが、本部は何らの販売権をも有していなかったのである。また、生産と販売に関わる資材の調達・斡旋業務は本部において付随的に行われていた。

　こうした体制は、1952年に、本部中心の集出荷体制へと、大きく内部体制が変更されることとなる。すなわち、本部による一元的な出荷体制の構築であり、出荷先の選定を本部の計画的な指示で行う体制への移行である。こうした販売体制の変化の背景には、支部ごとの販売であるため、それらの商品が市場で競合する問題が生じていたこと、市場に対する対抗力として産地側が団結する必要性があったことがあげられる。さらに、内部体制改革の一環として東京に常駐の東京駐在員を置いて情報収集と配給業務の円滑化を図っており、この点でも宇和青果農協としての一体的な販売体制が目指された。また、地元の商人との共存を図るため、宇和青果農協は商人組合（㋫南予青果出荷協同組合）との間に、みかんの売買に関する契約を結んでいる。

　その後の販売取扱金額の推移は**図5-2**に示した通りであり、取扱数量的には1958年に３万tを超えている。こうした急増する販売取扱量に対して、支部単位の選果荷造場において機械選果機を導入するケースが多くなっており、その効率化を図るために選果単位の大型化が図られてくる。そのため、選果単位、支部、小マークの統合が徐々に進むことになる。選果場は統合選果場の建設に伴って集約化が進み、1970年には４選果場体制となる。そして、1951年には29あった小マークは、1960年には18となり、1966年には５つにまで減少しているのである。さらに、1968年には㋑マークへの一本化が実現することとなる。これは、消費者の求める時期別、包装単位別の品質の統一化を図り、長期的な計画的な連続出荷を行うためであり、単なる大型化のみでは

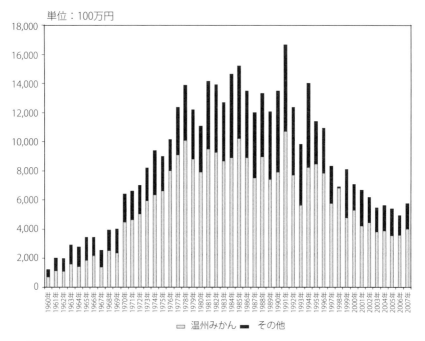

単位：100万円

□ 温州みかん　■ その他

図5-2　宇和青果農協の販売取扱高推移

資料：「宇和青果農協八十年のあゆみ」「宇和青果農協のあゆみ」「宇和青果農協資料」

なく中身の充実を図ることを目的として取り組まれたのである。また、1969年には、消費地でのストックポイントとして東京都昭島市に用地を取得し、宇和青果低温流通センターとして稼働している。

　しかし、マーク統一が実現した1968年からみかんは生産供給過剰傾向となり、長い低迷期に突入することとなる。1968年の価格下落は前年の干ばつの影響もあり、品質的にも課題があったとの見方から、全県的な「うまいみかん作り運動」を受け、次年度から特に高品質みかんの生産をめざした取り組みが行われることとなる。そうしたことも奏功し、一定程度の価格は維持されたため、統一マークによる共同計算は1971年まで4年間は継続される。しかし、1972年は品質的には良好であるにもかかわらず、生産量が全国単位では300万tを凌駕し、明らかな生産供給過剰となり、価格の大暴落を引き起こ

すこととなる。そのため、より品質重視のために地域の特性を活かしたきめ細かな販売を行うべきとの組合員の声が強くなり、全地区共同計算に対する組合員の不満を抑えることはできなくなる。そして、1972年からは4選果場（宇和、宇和島、玉津、津島）毎の共同販売に変更している。それに伴って、施設の償却費や運賃などの共同計算も徐々に選果場単位^(注3)で行われるようになる。

　その後、1976年に玉津共選から明浜共選が分離し、1983年には宇和共選から喜佐方共選が分離している。共選の分離は、必ずしも高品質果生産地区における独立として取り組まれた訳ではなく、宇和青果農協管内でも相対的に低価格の地区においても行われている。そのため、当初はその独立した共選の先行きを不安視する見方が強かったが、共選単位による生産販売努力により、相対的に高価格を実現するまでに向上しており、共選単位での結集力の重要性を示すものとして注目されている^(注4)。そのためその後も共選が分離する動きがあり、1991年から8共選（津島、宇和島、吉田、奥南、立間、喜佐方、玉津、明浜）体制へと増加していた。

　しかし、その後は県内の農協合併の動向により明浜共選が1999年に脱退して^(注5)7共選体制となった。さらに、光センサー機導入に伴う選果機更新時による統合で2002年に3選が統合して味楽共選に集約され、2003年には津島共選が味楽共選に参加することとなり、その後は、味楽共選、宇和島共選、喜佐方共選、玉津共選の4共選体制である。

（2）宇和青果農協による事業の多角展開

　1972年における価格下落後のみかん市場は長期的な低迷期に入り、過剰生産対策としては品種の転換^(注6)や減反による廃園化があげられるが、積極的な対応としては加工事業の展開を位置づけることができる。

　当地において、柑橘類の加工事業としては地元業者による缶詰やマーマレード生産が早くから行われていたと見られる。戦前の販売組合としても1933年に缶詰製造工場を建設しているが、原料高が要因で1936年には休業として

単位：100万円

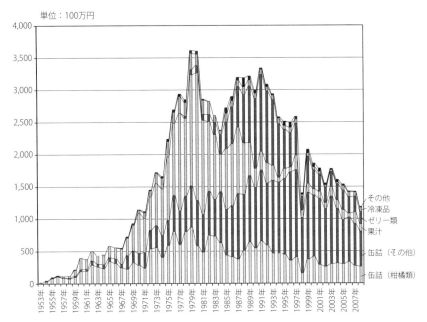

図5-3　宇和青果農協における加工品販売高の推移

資料：図5-2と同じ

　いる。戦後は1952年の果汁操業を開始したことをもって加工事業がスタート
したとみている。

　その後、缶詰加工を開始、**図5-3**に示したように多様な加工事業を実施す
ることになる。果汁類は1984年に缶入りジュースは愛媛青果連の加工事業で
あるポンジュースに統合することとなり、その後は減少しているが、ゼリー
類はヒット商品も生み出している。このように、ゼリー類や柑橘原料以外の
缶詰類に主力を移しつつも加工事業を積極的に行っていくのである。

　また、加工製品の販売促進という目的で商事事業を1982年に開始している。
この事業は、青果物の生鮮品をギフト用として直接販売することを目的に事
業拡大を企図し、1985年には商事部の発足へと展開する。商事部の売上は、
1990年代前半には10億円以上の実績がみられた。

　こうした加工事業や商事事業の展開は、柑橘価格が低迷する中において、

何とか付加価値をつけた販売を行っていこうとする宇和青果農協による積極
的なマーケティング活動と見ることができる。しかし、加工事業においては
その事業を維持するために、従来の管内の柑橘類を原料とする加工から原料
を購入して加工事業を行うようにもなっており、当初の目的とは異なる事業
展開が見られるなどの問題を有していた^(注7)。

3．宇和青果農協の資金調達構造と経営の悪化

（1）事業収益構造の特徴

　改めて述べるまでもなく、宇和青果農協は、信用・共済事業を行っていな
い青果物の生産・販売事業に特化した青果専門農協である。事業としては、
販売事業、加工事業、購買（生産資材）事業、利用事業、指導事業である。
施設を運営する利用事業は、経費分を組合員の負担により賄う形であり、全
体として出荷量が多い時は、出荷物単位にかかる負担金の単価は下がるが、
出荷量が少ない時は高くなる。このように組合員の負担感は年によって異な
るが、農協としての収支はつねにプラスマイナスゼロの計算で施設の利用事
業を行っている。また、指導事業の収入には農業関連に伴う補助金と組合員
賦課金があるが、それで指導事業の経費をすべて賄うものではなく、農協と
しては経費の持ち出し、つまりサービス部門である。そのため、宇和青果農
協の事業としては、柑橘類を中心とした販売事業、加工事業、生産資材の供
給を行う購買事業、贈答品等の直接販売事業を行う商事部門が主な収益源に
なる。

　表5-1は、それら4つの部門と指導事業の総利益を示している。**図5-2**に
見られるように年代的には販売事業取扱高が大きく低下した後のデータであ
るが、販売事業による収益（総利益）が中心であることが確認できる。その
収益は販売手数料と市場交付金（出荷奨励金）である。つまり、販売取扱量
と金額が拡大していた1970年代前半までは言うまでもなく、取扱量は減少し
ていたが市場価格的には上昇していたため、販売取扱高を100億円以上の水

103

表 5-1　宇和青果農協の事業利益の変化（1998 年度～2006 年度）

単位：千円

	1998 年度	1999 年度	2000 年度	2001 年度	2002 年度	2003 年度	2004 年度	2005 年度	2006 年度
事業総利益	646,824	847,566	744,240	757,915	1,003,064	673,807	745,548	533,259	564,987
うち販売事業総利益	481,948	573,823	486,248	494,797	751,324	696,513	579,064	498,083	470,537
うち購買事業総利益	21,366	27,194	21,841	26,496	23,843	20,634	19,301	20,425	16,942
うち指導事業収支差額	-5,654	-6,223	1,469	-4,304	1,388	5,371	-4,479	6,196	2,732
うち加工事業総利益	73,083	160,352	159,651	157,889	158,025	-115,366	87,024	-37,941	35,159
うち商事事業総利益	76,082	92,421	71,614	76,860	62,960	59,766	60,374	46,495	39,618
うち東京流通センター総利益			3,416	6,176	5,525	6,888	4,264		
事業管理費	685,848	1,029,700	848,226	903,767	1,425,151	941,639	822,750	742,549	686,259
事業利益	-39,024	-182,134	-103,986	-145,852	-422,286	-267,833	-77,202	-209,291	-121,272
経常利益	35,655	-49,241	-459,279	-4,473	-378,500	-320,905	53,261	-71,287	-20
当期剰余金	562	-37,417	340	337	-496,156	-319,984	705	-102,503	-19,187
当期未処分剰余金	762	528	540	587	-495,306	-319,328	705	-101,998	-19,187

資料：宇和青果農協総会資料

注：事業年度の関係で 1998 年度は、1998 年 8 月 1 日～1999 年 7 月 31 日、1999 年度は、1999 年 8 月 1 日～2000 年 3 月 31 日であり、2000 年度からは、当年 4 月 1 日～次年 3 月 31 日である。

準に維持していた1990年代前半までは青果専門農協としての経営は比較的安定していたとみることができる^(注8)。データの連続性の関係で表示はしていないが、当期剰余金の推移は、1989年度1億9,755万円、1990年度2億2,259万円、1991年度2億37万円、1992年度1億146万円、1993年度7,313万円、1994年度1億748万円、1995年度2,690万円、1996年度341万円、1997年度377万円であり、1990年代前半までは安定していたことが読み取れる。また、事業利益ではマイナスであっても、連合会からの配当金などで剰余金は確保していたのであり、愛媛県下10農協構想への合併計画に参加しなかった要因の1つとして、1990年代前半の事業推移からは合併する必要性を強く持っていなかったことがうかがい知れる。

（2）資金調達構造と財務の悪化

しかし、その後の経営状況は、**表5-1**からもわかるようにきわめて厳しい展開を強いられることになる。それは、**図5-2**や**図5-3**にみられたように、販売取扱高と加工品の販売高の減少のみではなく、信用事業を有していない専門農協特有の資金調達構造とも関係がある。

図5-4は、その資金調達構造の変化をみたものである。販売取扱高が100億円を超えていた1996年までは、それほど大きな変化はみせていない。すなわち、出資金をベースとしており、剰余金は事業利用高と出資配当を中心に配当し^(注9)、回転出資金の形で出資金に還流させて自己資金を拡充し資金調達力を維持強化する構造である。また、販売債務として卸売市場からの前受金を資金として調達しており、組合員からの販売前資金の要求がある場合は、仮渡し金として1997年までは資金供給を行っていた。金融機関からの借入金は**図5-4**では期末の残高であるが、期中においては販売代金が入る前の資金不足への対応が中心である。特に共選の運営費として、組合員の売上代金からの徴収が発生するまでの期間の資金対応として必要であった。こうした資金の流れは、販売取扱高が100億円を下回り、その後の光センサー機導入等にともなう施設投資が重なる中で急速に悪化してくるのである。

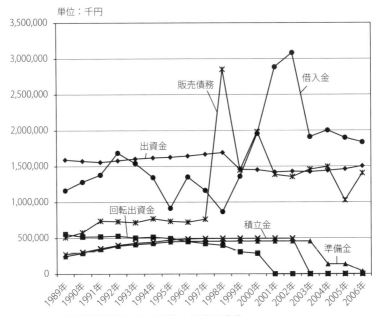

図5-4　宇和青果農協における資金調達の変化

資料：宇和青果農協総令資料
注：１）年度末の残高である。
　　２）1999事業年度にける出資金の減少は、明浜共選の脱退による。

　図5-4からもわかるように、販売債務と借入金の増大がそのことを示しており、1999年の明浜共選の脱退に伴う大幅な出資金の減少も自己資金減となって影響している。借入金は期末としては**図5-4**のピークでは30億円であるが、期中では80億円近くにまで達するなど、その金利負担は確実に宇和青果農協の収益を奪っていたのである。その結果が、**表5-1**にみられたように事業利益の推移であり、2000年代になると内部留保の切り崩しをせざるを得なくなるまでに資金調達的には行き詰まってしまったのである。

　これは言うまでもなく信用事業を有していないために内部資金としての余裕金を持たない専門農協としての経営構造ゆえの結果でもある。そのため2009年にえひめ南農協との合併に至るのであるが、そのことは後述するとして、経営悪化の要因をまとめておこう。

（3）経営悪化の要因

　1つめは、柑橘生産量の減少と価格の下落であるが、これは農業生産面の環境が大きく変化したためであり、柑橘専作地帯に立地する青果専門農協としては自らの努力のみではどうすることもできない構造問題でもある。これは、果実の生果および果汁の自由化政策によるものであり、1970年代からの需給バランスの大きな崩れとなって価格下落を引き起こした。生果の輸入品に対しては品種や品質の違いから、国産品でも競争力を有していたが、果汁に関しては差別化が難しく、自由化による輸入量増加は生果換算でみると100万t以上の輸入をしているのと同様であった[注10]。その奪われた市場分の生産が減少したのであり、園地転換事業などにより生産を中止する組合員も多く、ピーク時である1967年度に7,532人であった組合員数は、1980年度5,393人、1990年度3,877人と減少し、明浜共選が脱退したことも要因して2000年度は2,016人にまで減少していたのである。これに合わせて、1970年代から1980年代にかけて10万tを超えていた宇和青果農協の販売取扱量は、1990年代後半には5万t程度にまで半減しており、販売取扱高は図5-2に示した通りに減少した。

　2つめは、加工事業の悪化があげられる。宇和青果農協は、生鮮品の有効利用と付加価値販売のためとして、加工事業に積極的に取り組んできた。しかし、管内の柑橘類生産が減少する中で原料の確保も難しくなり、他方で輸入品との競合により製品価格が低迷し、収益的にも厳しくなってきた。さらに管内生産物の原料を基盤とした加工事業とはかけ離れた加工事業の展開もみられるようになっていた。そうした事業展開の中で、製品および半製品の在庫が急増し、その一部が不良資産化してきたのである。1989年度の棚卸資産は5億9,668万円であり、うち加工関係が5億1,541万円であったが、2002年度の棚卸資産は15億5,566万円にまで拡大し、そのうち95％が加工関係で14億7,437万円にまで膨れあがっていたのである。表5-1にみられるように加工事業の事業総利益はマイナスとなっていることからわかるように、不良資

産として処分しているが、それまでの金利負担も含めて農協経営を大きく圧迫していた。

　3つめは、施設投資であり、それに伴う借入金の拡大である。2000年頃には、果実個々について非破壊装置による糖酸度の自動計測装置すなわち光センサー機が導入され、それに伴う選果場のライン更新が全国的に行われ、量販店等の販売戦略として糖度表示による商品陳列が標準化する。それに対応できない産地の価格形成力が市場においてマイナスに作用するとの観測から、愛媛県内でも多くの産地（共選）で光センサー機が導入されることになる。その導入時期は柑橘価格が低迷していた時期であり、少しでも有利販売につながることへの期待も大きかったのであるが、宇和青果農協においては、資金繰りが苦しい時期であった。そのため、組合員に対して増資という形での協力をお願いするのは難しく、**図5-4**でみたように借入金に依存せざるを得なかったのである[注11]。また、増資による組合員負担はなかったとしても、選果機導入後は減価償却費が高くなり、それは共選の運営費の増加となって組合員への負担につながり、販売代金が入るまでの農協負担の増加にも連動し、施設投資の借入金利子の金利負担とあわせて農協経営を二重三重に圧迫することになったのである。

　このように、輸入自由化による国産農産物市場の縮小化のしわ寄せを受けたという点では農業政策的問題であるが、その対応という点では、信用事業を有していない専門農協の事業・経営の弱点が資金調達力の不足となって露呈した結果とみられる。

４．えひめ南農協との合併と青果事業の展開

（１）合併の経緯と新たな事業体制

　1991年秋の愛媛県農協大会に先立って、「宇和島地区農業活性化検討委員会」が設置され、宇和島地区の農業・農協の現状と課題について調査が始められた。この委員会の範囲はかつての愛媛県下13農協構想よりも広範囲になる南

宇和地区も含まれており^(注12)、結局は、1993年に「宇和島地区合併研究会」が発足して、7総合農協（宇和島農協、南宇和郡農協、伊予吉田農協、三間町農協、鬼北農協、津島町農協、明浜町農協）と2専門農協（宇和青果、マルエム青果）で合併構想の協議を開始する。明浜町農協が含まれている点は、青果専門農協の活動を重視した従来の13農協構想を引き継いでおり、宇和青果農協管内であるためである。

　合併の目的の1つに、組合員が専門農協と総合農協の両方に加入している二重加入構造の解消があり、研究会でも重要な課題となる。しかし、目的・機能集団として組織・結成された専門農協と制度的設立の総合農協の歴史を振り返るまでもないが、営農と経済事業面では、農産物の精算方法、補助金の受け皿、生産資材の供給、集出荷選別施設の運営、流通コストの負担など、多くの点で事業運営方式には相違がみられた。それをどのように調整するかが課題であった。

　宇和青果農協は、そうした課題に対して事業部ごとの独立採算制を基本とした事業部制を導入することを主張した。これは、青果部門の生産・販売については宇和青果農協が行ってきた事業に統一化するものであり、青果部門についてはこの青果事業本部に大幅な権限を移譲した組織構造のもとでの事業展開を企図した。しかし、他の総合農協からは反対の意見も多かった。そこで全体としての事業部制採用ではなく、青果事業についてのみ宇和青果農協のシステムを残す、いわば一国二制度的な提案を行ったがそれも十分な賛同をえられず、中央会が調整を行うこととなる。

　中央会からは事業部制ではなく、任意組合に販売を一任し、共選の施設は農協資産として任意組合に賃貸するというものであり、生産指導は農協の指導部が行うというものであった。宇和青果農協側が主張した生産販売の一貫体系や独立採算制という分権的な責任体制、事業部の専門分化という方針はみられず、販売だけを任意出荷組合として独立するというものであり、柑橘の集出荷販売や組合員負担方式などは現状のまま合併して、合併後に統一化を図るという内容であった。

　宇和青果農協側は、合併参加の判断の期日が迫る中で理事会や地区懇談会を開催したが意見はまとまらず、1996年に合併協議から離脱することを決定した。その後、残る農協で合併協議を進め、1997年に6総合農協とマルエム青果農協の参加でえひめ南農協が発足している。総合農協で当初合併協議に参加していた明浜町農協は、1997年時点での合併には参加せず、協議の結果1998年に東宇和農協と合併し、管内の柑橘に関してのみは宇和青果農協への生産販売を続けた。しかし、1999年に東宇和農協に青果事業を移管することとして組合員は宇和青果農協を脱退している[注13]。また、第4章で述べたように連合会組織は、1998年に経済連と青果連が合併して県農えひめが発足し、2004年には全農へ統合している。

　宇和青果農協が合併に参加しなかった要因は、事業方式において考え方の相違が埋まらなかったためであるが、ピーク時よりは減少しているとはいえ、1995年段階では販売取扱高は100億円を上回っており、経営的には厳しくなっていたが、従来の事業方式でまだ経営は成り立つとの判断があったとみられる。しかし、その後、販売取扱高は100億円を大きく下回り、専門農協としての資金調達の限界もあり、経営的には急速に悪化したのはすでにみた通りである。

　2006年12月の理事会では、具体的にえひめ南農協との合併を視野に入れた検討の必要性があるとの中央会監査の報告もあり、2007年にはえひめ南農協と宇和青果農協との間で合併協議を再開することになり、「えひめ南農協・宇和青果農協合併研究会」が発足し、2008年には研究会を前進させて「合併推進協議会」に改めて合併協議を進める。その結果、2009年4月に合併に至るのであるが、合併に当たって宇和青果農協の負債を引き継がないこととしたために、かつて低温貯蔵施設として稼働していた東京にあった不動産の売却益で負債分を精算している[注14]。

（2）青果事業本部の体制と事業展開

　えひめ南農協と宇和青果農協の合併に際しては、宇和青果農協の販売と商

単位：100万円

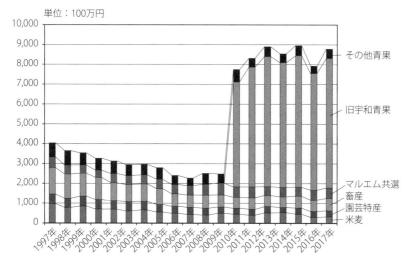

図5-5　えひめ南農協における販売取扱高の推移

資料：えひめ南農協総代会資料
注：マルエム共選とは、かつてのマルエム農協（専門農協）であり、晩柑類がほとんどである。

事の事業体制を青果事業本部としてえひめ南農協内に設置して引き継ぐ形に
している。青果事業本部には、担当責任者として旧宇和青果農協の理事を常
務理事として3年間のみ位置づけた。加工部門は株式会社愛工房に資産を譲
渡して引き継がないこととした。営農指導員は9名を生産部の果樹課に配置
している（2015年まで）。そうした結果、55名の職員のうち35名はえひめ南
農協に引き継がれている。

　事業方式としては、青果事業本部制を採用したので基本的に宇和青果農協
の運営が継続されており、青果物についても従来通り旧宇和青果農協組合員
の青果物とその他組合員の青果物は別々に集出荷販売されている。そのため、
同じ品目でも、えひめ南農協は販売手数料が2％であるのに対して青果事業
本部の手数料は3％という構造にあるが、合併時の契約である。また、共選
の運営経費については、基本的に従来通りの組合員の応益負担によって賄う
方式であるが、販売代金が振り込まれるまでの運転資金の利子負担について
はえひめ南農協本部の経費として賄われており、営農指導費の賦課金徴収も

廃止された。そういった点では組合員の負担軽減につながっている。

　2000年代前半に低迷していた柑橘類の価格は、2006年から回復傾向をみせており、ここ数年は、販売取扱高は60億円水準で堅調に推移している。その結果、図5-5にみられるように、えひめ南農協としては減少していた販売取扱高は、合併した2009年度以降は堅調に推移しており、農協全体の販売取扱高の増加に寄与している。

5．新たな総合農協としての事業展開
―えひめ南農協における事業体制の変化―

　えひめ南農協は前述したように1997年に6総合農協と青果に関する専門農協であるマルエム青果農協が合併して設立された。図5-6に示したように事業総利益の中心は、信用事業、共済事業、購買（生活物資）事業である。販売取扱高は図5-5でみたように、当初、宇和青果農協が合併に参加しなかったこともあり、初年度の約40億円から減少しており、事業総利益への寄与もごくわずかであった。つまり、経営的には生活事業と金融機関としての性格が強い。また、それほど多くの固定資産を有していなかったことも要因に自己資本力が脆弱で、図5-6にみられるように合併後の数年間は事業利益がマイナスの状態が続くのであり、経営的には改善が必要であった。

　そのため、1997年度には773名であった正職員は2015年度には455名へと減少し、金融店舗は54カ所から19カ所へ、生活店舗は72カ所から46カ所へと、大幅な改革を行っている。その結果、事業管理費を66億円から33億円へと半減させており、図5-6にみられるように、事業総利益は減少しているが事業利益は確保する経営体質を確立している。図5-7に示したように、2000年代に入ると内部資金運用比率も低下し、自己資本力を拡充している。

　えひめ南農協にとって宇和青果農協との合併のタイミングは、合併後の事業運営体制がほぼ確立し、経営的にも安定してきた時期であったとみることができる。そのことも宇和青果農協を受け入れられた要因であると考えられ

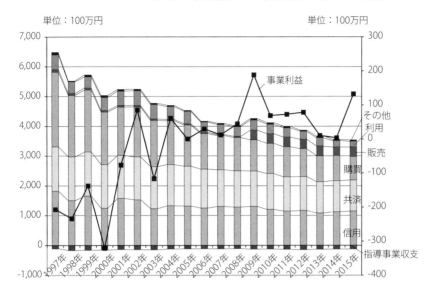

図5-6　えひめ南農協の事業総利益の構造と事業利益の推移

資料：えひめ南農協総代会資料
注：事業利益は右目盛であり、他は左目盛。

る。合併後は前述したように柑橘価格が堅調に推移していることもあり、青果事業本部の経営は直接経費で見ると黒字の状態が続いている。他方、多くの施設を抱えることになり、運営費などの負担により、**図5-7**にみられるように、一時期内部資金運用比率が高まる傾向をみせたが、近年は再び低下しており、経営的なマイナスの影響は比較的少ないとみられる。また、営農指導員数は2009年度37人から2015年度26人と減少しているが、果樹関係の指導員は９人から７人への減少に留まっており、総合農協としての資金力が青果事業の運営を支えているとみることができる。

　近年の柑橘価格が比較的堅調に推移していることから、経営規模を拡大する農家の動きも確認され、ＵターンやIターンの形で果樹農業に従事する新規の就農者も増加している（注15）。経営規模を拡大する農家にとっては、収穫作業時の労働力確保が課題であり、労働力の斡旋が農協の課題となっている。また、そうした雇用される形で農作業に従事する者に対する研修や新規

単位：%

図5-7　えひめ南農協における内部資金運用比率の推移

資料：えひめ南農協総代会資料
注：内部資金運用比率＝（信用事業負債−信用事業資産）／信用事業負債

就農者の園地斡旋や技術研修なども新たな農協の農業関連事業の課題である。農協としては、収穫作業時に泊まり込みで農作業に通えるための長期宿泊施設の運営などに着手している^(注16)が、このように直接的に農協の収益には結びつかない事業に取り組むことができる点は、総合農協としての安定した資金調達力と経営がなければできないことであろう。

　えひめ南農協と宇和青果農協の合併という総合農協と専門農協の合併は、青果事業の運営に対して安定した資金繰りを提供し、さらに新たな地域農業振興に関わる課題への対応としての農業関連事業の体制整備を進めるという点で、プラスに作用しているとみられる^(注17)。そして、総合農協としての経営が従来通りの専門農協としての営農指導と販売事業を継承しつつ、営農指導賦課金の廃止と施設利用料金の減額が組合員の農業経営面における負担を軽減させており、地域農業振興においても大きな貢献につながっているとみられるのである。

注

(注1) 現在の宇和島市吉田町における玉津支部荷造場において取り組まれた「荷造」が愛媛県の共同選果場の第一号といわれている。

(注2) 第1節に関しては、宇和青果農業協同組合『宇和青果農協八十年のあゆみ』1996年7月、参照。

(注3) 統合選果場としての4選果場体制の時には、販売の単位は宇和青果農協単位であり、選果場単位の活動も行われていたが、共選場名も「第一共選場」「第二共選場」「第三共選場」「第四共選場」であり、序章で定義した「共選」という単位とは異なるので、ここでは共選場単位とする。その後、1976年に第三共選場から明浜共選が独立したことから、明確に共選場単位の活動が再確立してくると見られるので、「共選」という名称を用いる。

　また、共選単位が大規模化した当時の問題点については、石川康二「農協共販の商品別事例分析・果実」桑原正信監修・若林秀泰編『講座　現代農産物流通論5巻　流通近代化と農業協同組合』家の光協会、1970年を参照。

(注4) この点に関しては、幸渕文雄『みかんと共に五十年』1999年で詳しい分析が行われている。

(注5) この点は、第6章および板橋衛「かんきつ産地の再編と農協」村田武編『地域発・日本農業の再構築』筑波書房、2008年参照。

(注6) 品種の転換に関しては、相原和夫『柑橘農業の展開と再編』時潮社、1990年、参照。

(注7) 第2節に関しては、宇和青果農業協同組合『前掲書』1996年、参照。また、温州みかん価格下落時における当地域の農業構造分析については、磯辺俊彦編著『みかん危機の経済分析』愛媛県果樹協会、1975年を参照。

(注8) とはいえ、生産資材価格が高騰していたため、農家段階では十分な収益が確保できない水準に柑橘類の価格が低迷しており、農業所得の確保の点では問題はあった。この点は、幸渕文雄『戦後のみかん史・現場からの検証』2002年の分析が詳しい。

(注9) 1989事業年度における約2億円の剰余金のうち、出資配当と利用高割り戻しで1.2億円を組合員に戻している。

(注10) 果汁の輸入による生果生産への影響に関しては、幸渕文雄「みかん農業の危機とその再生の方向」『農業・農協問題研究』第45号、2010年10月、を参照。

(注11) 近隣の総合農協の経営も厳しい時期であったことから、地方銀行から借り入れを行うことになるが、そのことが相対的に高金利の借入につながったことも問題であった。

(注12) 第4章を参照。

(注13) 第6章および板橋衛「かんきつ産地の再編と農協」村田武編『前掲書』参照。

(注14) 宇和青果94年史編集委員会『宇和青果農協のあゆみ（平成7年～平成20年）』2009年3月、愛媛県農協中央会史・第4巻編纂委員会『愛媛県農協中央会史

　　　第４巻』2006年６月、愛媛県農協中央会史・第５巻編纂委員会『愛媛県農協中央会史　第５巻』2016年３月、参照。

（注15）板橋衛「柑橘産地における新しい取り組み」『地域農業と農協』第49巻第２号、2019年９月、参照。

（注16）えひめ南農協では、「宇和島シーズンワーク事業」「えひめ版農業ワーキングホリデー推進事業」などを通して、労働力支援活動に取り組み、2017年度からは「柑橘応援隊」として本格的に農作業支援のためのアルバイト募集を行い、専用の宿泊施設も整備した。2018年度は西日本豪雨被害の復旧作業支援事業が優先されることとなったが、その活動を通して新たに共選単位で労働力支援を受け入れる活動も展開している。板橋衛「柑橘産地における新しい取り組み」『前掲書』、参照。

（注17）2017年５月29日に開催された新世紀JA研究会において、えひめ南農協の黒田組合長（当時）が報告しており、総合農協と専門農協の合併効果として「資金力が運営の要」と述べているが、総合農協の資金力が専門農協の限界をカバーして産地運営を支えている点を指摘している。詳しくは、農業協同組合新聞、2017年６月10日を参照。

第6章

総合農協との合併による共選体制の変化と専門農協的運営
―東宇和農協明浜共選の取り組みを事例として―

1．今日的な専門農協問題と果樹産地

　系統農協において経済事業の採算性が課題となり、「経済事業改革」が、営農・生活関連分野にそれぞれ異なる数値目標を課して進められている^(注1)。そこでは、営農指導事業の賦課収入の採算化、購買・販売手数料の弾力的変更、連合会や卸売市場に依存しない実需者との直接的取引を行う販売事業の展開などが検討・実施されつつあり、営農経済事業の新たな方式と独立採算の可能性が問われている^(注2)。また、総合農協内の分権化とネットワーク型専門農協の方向性を示した部門別採算性の確立の必要性も主張されている^(注3)。

　しかしながら、果樹の生産・販売・加工のみの事業展開を行ってきた愛媛県の青果専門農協が総合農協の広域合併と同時に総合農協に統合する形で系統組織再編が行われてきた愛媛県内の農協にとっては、その問題の構造が異なる。青果専門農協の組織・事業・経営運営をベースにして合併を行ってきたケースでは、農業関連事業を重視した専門農協的事業展開もみられるが、信用・共済事業との総合採算性が経営上は重要な位置づけになっている^(注4)。そのため、昨今の農協改革の方向は、従来の専門農協の事業体制に戻ることを強いられかねない問題とも受けとめられる点は序章で述べた通りであるが、この青果専門農協の再編の過程で、本章の事例である明浜共選は、やや複雑な経緯で現状の東宇和農協の下に位置づくことになる。

　本章では、かつて青果専門農協である宇和青果農協に属していた東宇和農

117

協明浜共選を事例とし、その共選の東宇和農協への事業譲渡後における組織・事業の変遷過程を分析・検討する。そして、総合農協の下で専門農協的運営を行うことの意義を考察し、果樹産地における農協の機能を明らかにすることを課題とする。

２．明浜共選の合併経緯

　従来、明浜町[注5]の柑橘生産者は宇和青果農協の組合員であり、第4章でみた13農協構想においては、行政的には東宇和郡であるが宇和青果農協と同一のエリアの合併計画に入った。1970年には合併推進協議会が設置され合併の検討も行われたが、時期尚早という結論に至り、1972年にその協議会は解散している。

　再び農協合併論議が浮上するのは1991年であり、宇和島地域の組合長会において、「宇和島地域農業活性化作業部会」を開設することとし、そこで管内の農業・農協の現状と問題点について資料収集や調査研究が開始される。そのエリアは、南と東は高知県境から北は明浜町までを含んでおり、13農協構想では3つの農協に分かれる範囲であり、そこが1農協になる方向での計画が進められたことになる。1993年には、関係市町村長と農協関係者40名で構成される「宇和島地域農協合併研究会」が設けられ、合併構想の検討が重ねられるが、設立の経緯と事業機能が異なる青果専門農協と総合農協では農協運営の考え方に相違がみられ、青果事業のあり方が焦点になっていた。宇和青果農協側からは青果部門の事業部制を柱とする試案が示されるが容易には受け入れられず、中央会の調整案では任意組合とする方向が示された。宇和青果農協側はこの調整案には納得できず、1997年4月発足を前提とした、合併研究会を合併促進協議会に切り替えるスケジュールには参加できないと1996年3月に判断し、合併計画から外れることになる[注6]。

　宇和島地域の農協合併は、総合農協である宇和島・伊予吉田・三間町・鬼北・津島町・南宇和郡農協と専門農協であるマルエム青果農協の7農協の参

加で行われ、1997年にえひめ南農協が設立された。また同じ時期に、東宇和郡では総合農協である宇和町・野村町・城川町農協の参加により東宇和農協が設立された。この時、総合農協である明浜町農協はどちらの農協にも合併していないため、明浜町の果樹生産者は、従来通り明浜町農協と宇和青果農協の双方の組合員としてそれぞれの事業を利用する[注7]。しかし、1998年に明浜町農協は単独での存続が難しいという経営的判断から東宇和農協との合併を行った。

　こうした状況の中で、明浜共選においては、現状通り宇和青果農協に留まるという意見もみられたが、組合員の２重組織加入問題の解決を図ることを優先し、1999年９月に宇和青果農協を脱退し、東宇和農協に営業譲渡することになった。

３．明浜共選の組織・事業運営体制と組合員負担の変化

（１）東宇和農協における明浜共選の位置づけの変化とその背景

　明浜共選の位置づけは、当初、営農経済関連部門の中では、生産部、畜産部、農車燃料部と同等の１つの部であり、青果部であった。その下に柑橘[注8]専門の指導課と販売課があり、施設として選果場が位置づく機構である。東宇和農協管内で、柑橘生産が行われていた地域が明浜町に限られていたことも要因ではあるが、柑橘部門の組織・事業は、ある程度は独立した存在として認められていた。

　しかしその後、青果部の農協職員は徐々に減少し、2004年度には生産部から名称を変更した農産部と統合して農産園芸部となり、その中の果実課に明浜共選は位置づけられた。さらに、2007年度からは、東宇和農協管内を23支所体制から７支所２事業所体制に再編し、支所における生活物資と生産資材の取り扱いを原則中止するという事業改革構想に基づいた再編の中で、営農経済関連部門は、畜産部門を除いて本所営農部に統合される。そして、その下に地区（旧町）ごとの営農生活センターが位置づく機構に変化し、明浜共

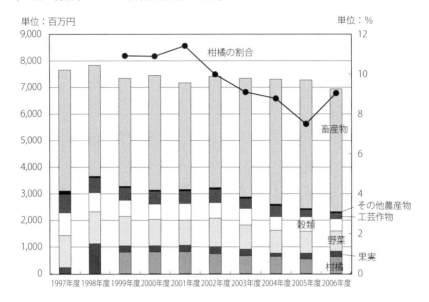

図6-1 東宇和農協の品目別販売取扱高と柑橘の割合の推移

資料：東宇和農協総代会資料
注：1998年度に果実の販売高が10億円ほどあるが、明浜町農協が合併したため、
　　明浜共選の販売額が書類上東宇和農協を通ったためと考えられる。

選は明浜営農生活センターの農産関連の一部門になっている。このように、明浜共選は、農協の中では明らかに１つの選果場を管理運営している部署へと位置づけが後退してきたのである。

　こうした変化の背景の１つには、東宇和農協の販売取扱高における柑橘部門の絶対的・相対的低下がある。図6-1から確認されるように、営業譲渡した1999年度から2001年度の３年間は、柑橘販売取扱高は８億円以上であり、その割合は10％以上を占めていた。しかし、2002年度からは割合は10％を下回り、2005年度の販売取扱高は５億4,627億円であり、その割合は7.5％にまで落ち込んでいる。2006年度は柑橘価格が高めに推移したため持ち直しているが、他部門が減少しているにもかかわらず全体の中での割合は9.0％である。東宇和農協の中では、柑橘販売は特別に高い割合のものではないのである。

そのため、農協独自の生産振興対策費として柑橘部門に用いられる予算も限られており、柑橘の糖度向上のためのマルチ栽培振興への助成金は、後に見る共選独自の集出荷経費の中から支払われている。

　また、東宇和農協の経営状態の悪化も、事業体制の再編を促した背景にはある。農協事業における総利益は、購買部門が別会社化したことも関係し、明浜町農協が合併した1998年度における31億3,062万円から2006年度には20億221万円にまで３分の２以下に減少している。そのため、事業管理費を調整してきたが、事業利益がマイナスの年度が合併後決算年度の半分である５回もみられる。1990年代後半からの農協経営におけるこうした傾向は、東宇和農協に限られたことではなく、全国的（特に農村部）に見られるが、東宇和農協の場合は、自己資本の形成が特に不十分であり、内部運用比率は、1990年代後半が４〜５％であり、2000年代には６％水準になっていた。

（２）明浜共選の組織・事業運営体制と組合員参加

　このように、東宇和農協における明浜共選の位置づけは変化してきたが、その組織・事業運営体制とそこに関わる組合員の参加という点で見ると、基本的には変化していない。柑橘生産者である組合員は、共選の定める集出荷業務要項に基づき東宇和農協と明浜共選と専属利用契約（当時）を締結し、共選への全量出荷を基本とした生産・出荷計画に従った生産・出荷を行う。また組合員は、**図6-2**に示したように、集出荷販売計画の決定機関である「明浜柑橘生産者協議会運営委員会（以下、協議会と略す）」[注9]に様々な単位の代表者として参加しており、2007年度は27名で構成されている。協議会の規約によると、構成員は、明浜町の東宇和農協理事、監事、各地区青果同志会[注10]正副会長、生産者代表、評価長[注11]をもって構成されるとなっている。しかし、**図6-2**からもわかるように明浜町以外の役員として東宇和農協専務の参加がみられ、農協職員も明浜中央支所の職員が参加している。実質的柑橘生産販売の担当者である営農生活センターの職員は事務局として参加している。

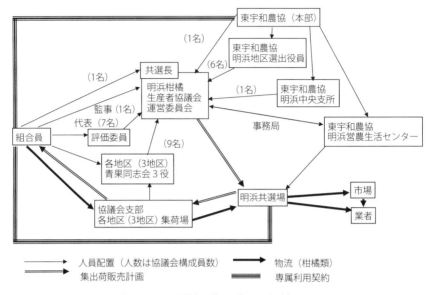

図6-2　明浜共選運営に関わる関係組織図（2006年度）

資料：「「明浜柑橘生産者協議会」事業報告書・事業計画書」、聞き取り調査
注：作成に当たっては、林芙俊「専門農協の組織再編と共選組織の存立意義」『北海道大学農経論
　　叢』第59集、2003年7月、97ページを参照した。

　明浜町以外の役員が協議会に参加するのは、営業譲渡年度である1999年度
からであるが、実質的には、明浜共選として独立した権限を有した組織・事
業運営を行っている。しかし、光センサー問題^(注12)を契機とし、共選は東
宇和農協の下部組織であるという位置づけを明確化させるようにとの県等か
らの指導もあり、2006年度からは名称も「明浜共選場」から「明浜柑橘生産
者協議会」に変更しており、東宇和農協の役員が参加する意味は強くなって
いる。ただ、参加する役員は柑橘の生産販売の専門家ではないこともあり、
強い指導力を行使しているわけではない。

　また、共選のトップである共選長の選出方法とその経費負担についても変
化がみられた。1997年度までは、明浜町農協の専務理事が共選長を兼ね、経
費は宇和青果農協が大部分を負担していた。1998年度も基本的には同様であ

るが明浜町農協が合併したため、専務理事ではなく東宇和農協の非常勤理事になっている。そして、そのままの状態で営業譲渡された1999年度から2003年度までは明浜町の理事の中から共選長が選出され、その経費の大部分は東宇和農協が負担していた。しかし、2004年度からは、光センサー問題の影響もあり、共選は１つの生産者組織であるから農協理事の兼務体制は問題があるとの認識から、一般組合員からの選出になったが、選出された組合員が農協理事の欠員の関係で2004年後期から非常勤理事となり、結果として理事の兼務体制になった。その後、2005年度からは１つの生産者組織のトップの経費を農協が負担することには同意が得られなくなり、柑橘生産者が自ら負担する共選の集出荷経費の中から捻出されることになる。

　このように、共選の組織・事業運営体制と組合員参加の形態に大きな変化はないが、先述した農協内の位置づけの低下と軌を一にし、生産者の１つの組織であるという位置づけが明確になり、名称と共選長の経費負担に変化が見られた。明らかに農協内での独立した特別な位置づけではなくなっている。東宇和農協に営業譲渡することを決断した段階である程度の変化は覚悟しての選択であったと思われるが、自主・自立の運営を行ってきた明浜共選にとっては、一方的に権限が縮小していくとの思いは拭えないのである。

（３）組合員負担の変化

　明浜共選で行われる柑橘類の集出荷業務に関しては、農協職員の人件費を除いた経費は組合員による応益負担を原則としており、宇和青果農協の組織下における運営と変わらない方式である。共選が独立した経理を行い独立採算の運営が行われている。

　収入は、大きくは直接収入と間接収入に分かれる。直接収入の項目には荷造負担金、償却負担金、運賃負担金、小運送負担金、宣伝負担金等があり、組合員が共選に持ち込んだ重量に対して賦課して徴収している。間接収入は様々であり、売上代金に対して賦課して徴収する共選運営負担金、自動販売機等からの収益である事業収益、段ボール等の割戻金である事業外収益、組

合員が共選に認められた範囲で行った個人販売に対する手数料分を徴収した特例販売収益、共選が買い取り販売を行って得た収益のうち農協に一定の手数料分を納めたあとの残額として計上された直販収益振替額^(注13)等がある。

　これら収入と支出である集出荷経費との関係は次の通りである。材料・水光熱・評価費用等は共選費用に分類されているが、荷造・共選運営負担金がその費用に対応する。卸売市場や実需者への運送と明浜町内の各集荷場から共選までの運賃費用は運賃と小運送負担金であり、減価償却費に対しては償却負担金が対応する。その他、施設費、業務費、生産・流通対策費等があり、共選運営負担金等が対応している。しかし、厳密に、ある決められた支出に対してのみ用いられているわけではなく、個別に独立採算で賄われているわけでもない。全体として収支のバランスがとられているのが現状である^(注14)。

　こうした組合員の負担状況が、営業譲渡によりどのように変化したかをみたのが図6-3である。全体の集出荷経費に対する負担度は、データの制約から販売金額の対組合員への振込額からみた負担割合^(注15)と出荷販売重量^(注16)1kgに対する金額でみる。図6-3から読み取れるように、1999年度よりその負担度は高まっている。これは、宇和青果農協から脱退したことにより、それまで宇和青果農協が行っていた事業を明浜共選として行うことになり、宇和青果農協に直接的に納めていた卸売市場への運送費や販売対策費としての宣伝費等が共選経理に現れているためでもある。また、2000年度に導入した光センサー選果機の減価償却費が莫大になるため、償却負担金が増加したことも負担度を大きくしている。減価償却費が低下するにしたがって集出荷経費は低下しており、連続性をある程度把握するために、1999年度以降の運賃負担金と宣伝負担金を控除して計算した図6-3の対重量負担額②の数値からは、営業譲渡前の水準に近づいていることも読み取れる。しかし、後述するように、出荷先が分散し、消費者ニーズへの対応として小箱による集出荷を行っていることが、集出荷経費を高くしており、以前の水準までに低下することを難しくしている。また、柑橘類の価格が低迷しているため、特に振込金額に対する負担割合は図6-3の対金額負担割合②にみられるよう

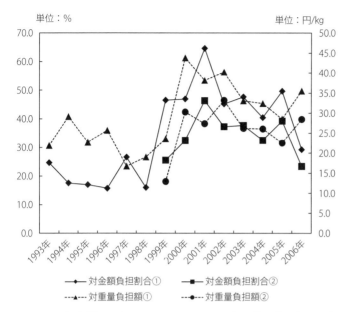

図6-3　組合員から見た明浜共選における集出荷経費負担度の推移

資料：「「明浜共選場」「明浜柑橘生産協議会」事業報告書」、明浜共選場資料
注：1）対金額負担割合は、（明浜共選集出荷経費／組合員への振込金額）であり、％である。
　　2）対重量負担額は、（明浜共選集出荷経費／組合員正味出荷重量）であり、円/kgである。
　　3）1999年度以降に関して、明浜共選集出荷経費のうち運賃負担金と宣伝負担金を差し引い
　　　て計算したものが、②の2つの折れ線グラフである。

に高めに推移せざるを得ない傾向にある。

　とはいえ、こうした集出荷経費の増加分を、全て組合員からの直接的な負担金として徴収している訳ではない。**図6-4**は、営業譲渡後の直接収入と間接収入の変化をみたものであり、間接収入が増加していることがわかる。間接収入の中でも、共選運営負担金は、総合農協における内部資金の利用により、内部利息が発生しなくなったことを主な理由に、営業譲渡後は、売上高の2.5％から1.5％に引き下げられている。そうした中で、東宇和農協と合併して営業譲渡してから間接収入の中で特に重要な収入は直販収益振替額であり、全体の収入額の中でも20％水準にある。直販収益振替額は共選の独自の販売戦略による収益であり、それが小箱対応などで増加している集出荷経費

単位：百万円　　　　　　　　　　　　　　　　　　　　　単位：％

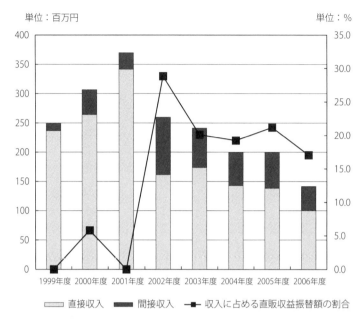

凡例：
□ 直接収入　　■ 間接収入　　■ 収入に占める直販収益振替額の割合

図6-4　明浜共選の集出荷経費における直接収入と間接収入の変化

資料：「「明浜共選場」「明浜柑橘生産協議会」事業報告書」

を充当しているのである。

　こうした収入構造の変化の背景には、柑橘類の価格の低迷により組合員の経営が悪化していることが考えられる。そのため、これまでと同様に掛かった経費に対して直接的な負担を行うという応益負担の原則には限界があるのである。共選運営に関する経費の組合員負担の原則は変化していないが、その構造には変化が生じている。

４．明浜共選における販売対応の変化と職員の専門性

（１）販売取扱高の減少と宇和青果農協からの脱退

　図6-5は、明浜共選における販売取扱数量の推移を示したものであるが、1990年代後半より隔年結果が激しくなりつつ減少傾向が明確となり、2000年

単位：t

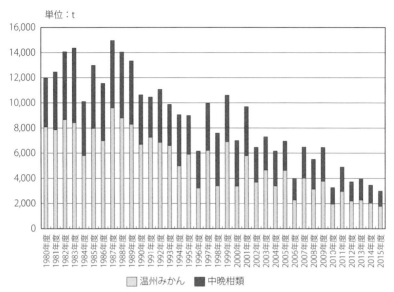

□ 温州みかん　■ 中晩柑類

図6-5　明浜共選における柑橘取扱数量の推移

資料：明浜共選場資料
注：重量は正味重量であり、販売された重量である。

代の取扱数量は1980年代の約半分にまで落ちこんでいる。そして2010年代に
なるとその減少傾向に歯止めがきかなくなっている。共選の取扱数量の減少
は、生産力が減退していることが主な要因である。2005年農業センサスにお
ける農業就業人口のうち65歳以上の割合は男女合計で48.2％であり、2000年
と比較して約9ポイント上昇したが、2015年においては、さらに11ポイント
上昇し59.1％になっている。また、2005年から2015年までの10年間に、農業
就業人口は32.9％減少しており、絶対的な労働力不足による生産力の減退は
否めない。

　とはいえ、2010年代における減少傾向には、共選外への出荷の増加も考え
られる。共選との契約者数は、1998年の354名から2007年320名と減少してい
るが、農業センサスにみる総農家数が2000年の486戸から2005年の398戸へと
大幅に減少したことと比較し、この時点では共選との契約者数のみが大きく

減少したとは言えない。しかし、資料の関係で出荷者数のデータとしてみて、2007年は298人であったのに対して、2015年は196人であり8年間で34.2％減少しているが、農業センサスでみると2005年の販売農家戸数340戸から2015年の251戸へと10年間で26.2％の減少である。比較してみると共選への出荷者数の減少傾向が顕著であることが明らかである。明浜町には、共選外出荷の販売組織として「無茶々園」があり、活発な活動を行っている[注17]が、それに加えて、2010年代に入って柑橘価格が比較的堅調に推移する中で、定量の範囲で認めた個人販売（特例販売）[注18]に事実上の歯止めがかからなくなり、共選運営費用負担から逃れるために共選外への出荷を選択する生産者が増加したことが考えられる。

　いずれにせよ、宇和青果農協からの脱退は、産地としてのボリュームが縮小する中での決断であり、小規模産地として独自に販売先を見出さなければならなかった。しかし、小規模であるがゆえに品質は比較的均一であるとの評価から、東京の卸売業者から全量取り扱うとの申し出もあり、東京の中央卸売市場への販売を中心として、営業譲渡後の明浜共選の販売事業は開始された。

　さらに、小売市場における量販店の販売力が強化され、卸売市場における取引状況も大きく変わる流通構造の変化等を考慮し、卸売市場への出荷のみではなく、実需者と結びついた独自の販路を開拓する動きを活発化させる。従来から差別化商品への取り組みを行っており、ゆうパック等の市場外流通への実績があったことと、明浜共選単位での販売であるため機動的な対応が可能になったことがそうした販路開拓を可能にした主な要因である。しかし、全般的に柑橘価格が低迷する中で、組合員の農協外出荷の動きに歯止めをかけ、共選への求心力を高くするためには、少しでも価格条件が良く、安定した販路を組合員に示す必要があったことも考えられる。

（2）販売対応の変化と職員の役割

　明浜共選では、宇和青果農協傘下の1990年代からすでにレギュラー品以外

単位：回

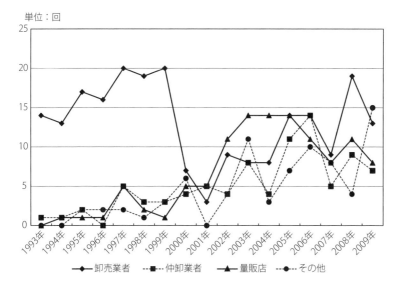

図6-6　明浜共選に来場した販売先関係者の推移

資料）「「明浜共選場」「明浜柑橘生産協議会」事業報告書」
注：1）業務報告書に記載されている業者の延べ数である。
　　2）1回の来場に、量販店、仲卸業者、卸売業者が同時に来場するケースは、全てカウントした。

に、小型選果機を利用した減農薬や完熟みかん、ポンカンなど、差別化商品の取り扱いを行っていた。さらに、市場の要望に応えた5kg箱での出荷対応も行っていたが、より消費者からの要望に応える形で7.5kg、5kg、4kg、3kgなど、より細かい荷造りも行うようになった。

　そうした中で、量販店など実需者との直接的な販売も本格化させることになる。**図6-6**は、共選資料の年度行事に記載されていた来場者のリストを業態別にカウントしたものであり、共選資料に記載されている出荷先リストと照合すると、ほぼ同じ業者である。営業譲渡する1999年度までは、卸売業者の来場がほとんどであり、東京の中央卸売市場への出荷に集約化していた2000年度にはその来場数も少なくなっている。しかしその後は、仲卸業者、量販店などからの来場が増加しており、そうした業者と共選が出荷販売の契約を行っていったことが把握できる。また、卸売業者の来場も同時に増加し

ているが、これは仲卸業者や量販店等との契約においても、代金回収の迅速化やリスク回避のために帳合で卸売業者が関わっているためでもある。2009年度の実績によると、約４割が卸売市場を経由しないで実需者への直接販売であり、２割が卸売市場を経由した形での実需者への販売、残り４割が従来主流であった卸売市場への委託販売である。

　契約の内容は、取引先相手によりまちまちであるが、その年度に取り扱いを行うという大枠の合意を基本として出荷期間に入ると日々の交渉で取扱量を決定している。そこでは、明浜共選が出荷先の要望に臨機応変に応えるために、共選に出荷されるものを買い取って販売するケースが増加している[注19]。それが、先に見た買取収益振替額の増加でもある。2006年度では、販売取扱高の36.5％が買い取りであり、卸売市場への委託販売は50％を若干下回っている。

　また、売り先としては地元量販店や直売所との契約もあり、学校給食への食材提供も行っており、地場や地域流通にも目を向けている点も見逃せない。その他、先述した特例販売も、協議会の承認を得て一定程度行われている。こうした実需者との契約を進めて有利な販路を確保する取り組みや組合員の独自販売がある程度認められることが組合員に評価されているため、2000年代においては目立った農協共販からの離脱傾向は確認できないとみられる。

　こうした販売戦略の展開では、その実務面における職員の役割が高まっていた。販売先の決定は先の**図6-2**で説明したように、明浜柑橘生産者協議会運営委員会および共選長が最終的な決定権を有しており、それに基づいた生産販売が行われている。しかし、新たな販路開拓や日々の販売先との交渉は、組合員のみでは対応できない面も多く、共選に常駐する職員の臨機応変な対応が必要である。組合員参加による自主的運営は基本ではあるが、流通環境の変化に対応した販売戦略の展開の面では、職員の専門性がきわめて重要になっていたのである。

5．専門農協的組織・事業運営と農協の課題

　青果専門農協である宇和青果農協を脱退し、東宇和農協に営業譲渡した後
の明浜共選の組織・事業展開は、生産・出荷の計画と実施面における組合員
参加と集出荷経費に対する組合員の自己負担の原則という従来の青果専門農
協的機能をベースとして、実需者との契約にも積極的に取り組む販売展開を
行ってきた。また、東宇和農協の総合農協としての資金力・経営体力に依存
する形で、内部利息の軽減による組合員負担金である共選運営負担金の引き
下げが確認できた。さらに、販売手数料は宇和青果農協の時は3.0％であり、
明浜町農協にも1.0％の手数料を支払っていたが、東宇和農協への営業譲渡
後は2.5％に低下している。共選単位で生産販売対応を行う強い自覚と総合
農協との合併メリットを活かした組合員負担の軽減を実現し、共選の活性化
につながっていたと考えられる。

　しかし、東宇和農協全体の販売取扱高の中における柑橘販売の割合は絶対
的・相対的に低下していた。また、事業利益を十分に確保できない農協経営
の状況の下では、事業的には赤字になる営農経済事業に十分な要員を配置す
ることは困難になってきた。さらに、光センサー問題も契機とし、明浜共選
の位置づけは相対的に低下していた。このように、総合農協の多様な事業展
開の中に埋没しつつある面もみられる。

　そのため、共選単位で独立した運営の再構築をすべきとの考え方もあるが、
総合農協の資金力を活かしたメリットは無視できない。さらに、柑橘類の価
格が低迷し、農家経営が苦しい状況下に負担金を上げることはきわめて難し
いのが現状であり、職員の専門的力量による共選独自の販売成果による利益
である直販収益振替額に頼った集出荷経費の充当が行われている面もみられ
た。組合員の自主的参加と運営、応益負担による自己責任で全てを自分たち
の力量で賄うという従来のやり方は、光センサー等の施設費用負担が莫大に
なる一方で柑橘類の価格が低迷していたため不可能になりつつあるとみられ

る。

　総合農協内においても専門農協的組織・事業運営を行うことの意義は、組合員の自主的な農協運営への参加意欲と経費に対する応益負担の意識を強くしている点[注20]、職員が農産物の販売による収入が農協の収入でもあり組合員の収入につながるという強い意識で積極的に販売対応に取り組むという点において、きわめて重要なことと考えられる。しかし、組合員負担や組合員中心による販売対応には限界があり、従来のままのやり方では今日の共選の組織・事業運営は成り立たない。総合農協の資金力を有効に活用し、専門性を高めた職員機能を活かした共選運営がこれからの果樹産地運営においてはきわめて重要であるといえる。そうした点から考えても、営農経済事業の独立採算性を重視して、旧来の専門農協に戻れと言う論調は、現状の農協と産地の問題を無視した農協・産地解体論であるとみられる。

注
（注1）第2章を参照。
（注2）坂下明彦、他11名、「農協の生産・営農指導事業の収益化方策に関する研究─北海道を事例として─」全国農業協同組合中央会編『協同組合奨励研究報告』第二十七輯、家の光出版総合サービス、2001年、板橋衛「農協の販売事業展開と直販事業の意義」『農業と経済』第70巻第9号、2004年、など参照。
（注3）坂内久『総合農協の構造と採算問題』日本経済評論社、2006年、坂内久「部門別採算性の確立視点から総合農協のこれからの展開を考える」生源寺眞一・農協共済総合研究所編『これからの農協　発展のための複眼的アプローチ』農林統計協会、2006年、など参照。
（注4）麻野尚延『みかん産業と農協』農林統計協会、1987年では、温泉青果農協が合併を繰り返す中で、専門農協的な事業をベースとしつつも総合的事業採算性を行うようになってきた事例が述べられている。
（注5）明浜町は2004年に近隣行政と合併して西予市になっており、厳密には旧明浜町と述べなければならないところもあるが、本章では明浜町と統一する。
（注6）この経緯は、第5章および宇和青果農協『宇和青果農協八十年の歩み』1996年、幸渕文雄『戦後のみかん史・現場からの検証』2002年を参照。
（注7）営農指導は双方の農協から受けるが、果樹作の集出荷生産資材に関する購買事業と販売事業が宇和青果農協、信用・共済事業とその他購買事業が明浜町農協という、いわゆる専門農協と総合農協の事業面における棲み分け構造である。

（注8）東宇和農協管内には、果樹作としては栗やぶどう等の取り扱いもあるが、明浜町管内はほぼ柑橘に特化しているので、青果部が取り扱う果樹作はほぼ柑橘類である。

（注9）2006年度から名称変更しており、それまでは「明浜共選場運営委員会」であった。

（注10）同志会とは、果樹生産者の連絡調整を図り、果樹に関する必要な学理の究明、技術の向上、経営の合理化等、会員の実践的助成を促進し、果樹産業の発展を期することを目的として設立された生産者の組織である。詳しくは、愛媛青果連『愛媛青果連50年史』1998年、参照。

（注11）組合員が出荷する柑橘に関して、選果ラインに載せる前の段階で評価を行う委員であり、生産者の中から選出される。

（注12）光センサーの入札に関する問題であり、第3章注20を参照のこと。なお、明浜共選においては、問題となる事実は認められなかったが共選運営の基本構造は同様であるとして、県からの強い指導が入った。

（注13）共選での販売は農協の販売取扱高であるので、農協の販売手数料相当分を農協に納め、それ以上の収益を共選の会計に戻している。

（注14）先述したように、共選長の経費が2005年度より組合員の独自負担となっているが、そのために、ある項目の負担を特別に高くはしていない。償却負担金の減額分を据え置く等して対応している。

（注15）振込金額は、販売金額から農協手数料と集出荷経費を控除して組合員に支払った金額であり、販売金額ではないために、それをもとに計算した負担割合は、組合員の意識よりもかなり高めになる。農協の手数料や集出荷経費が把握できるため販売金額の推計も試みたが、東宇和農協の業務報告書にある柑橘販売金額と20％以上も開きがある年度もあり、正確さに問題があると判断したためにこの数値をそのまま用いた。また、1998年までのデータとの連続性という点でもこの振込金額を用いることにした。

（注16）負担金の基本的な考え方は選果にかかる重量に対して賦課されるが、**図6-3**のデータは、正味重量であり、精算された重量に対して賦課された金額としての値になる。そのためこの数値においても負担度は高めになると考えられる。

（注17）愛媛大学社会共創学部研究チーム『大地と共に心を耕せ―地域協同組合無茶々園の挑戦―』農山漁村文化協会、2018年、参照。

（注18）第3章、注25を参照。

（注19）支払いサイトが長い業者への出荷においても買い取りを行うケースがある。生産者への精算を早めに行うためである。

（注20）応益負担の原則に基づいた組合員の負担額は、共選への出荷者と出荷量が減少する中では、施設規模や共選運営体制の縮小化を図らなければ、1組合員や出荷単位における負担増とならざるを得ない。しかし、光センサー検査による柑橘類の流通体系が確立している現状においては、施設の維持は共選

として欠かせない条件であり、むしろ機械更新時にコスト増加となっているのが現状である。こうした増加する共選運営費の負担に耐えられなくなり、共選から脱退する組合員の動きがあることも確認できる。これには、共選が認めた一定量の個人販売がなし崩し的に拡大しているためとみられ、それが共選出荷者数の減少に拍車をかけていることは本文でも分析した通りである。そのため、農協の資金力や職員の専門性の発揮と同時に、明浜共選については、共選の結束力の強化も問題であるが、ここでは残された課題とする。

第7章

共選を中心とした果樹生産販売の展開と総合農協体制
―西宇和農協を事例として―

　本章では、西宇和農協を事例として、青果専門農協である西宇和青果農協と総合農協との合併を通した果樹産地の再編構造を分析する。西宇和農協管内では、地区ごとにある共選を中心とした果樹産地運営が行われており、農協合併によっても基本的にはその体制に変化はみられず、各共選独自の特徴を有した事業展開がみられる。しかし、西宇和農協による管内全体の果樹農業を支える取り組みも、販売事業における販促活動や量販店との交流、生産面における農家への労働力支援などとして展開している。そうした事業展開には、総合農協としての経営力が大きな役割を果たしているとみられる。このように、従来の共選とその運営体制の維持と合わせて総合農協としての西宇和農協の機能にも注目して、果樹産地の再編構造を考察することとする。

１．戦前の集出荷組織の設立と統制経済下の集出荷体制の確立

　西宇和農協は果樹なかんずく柑橘生産が盛んな愛媛県でも、その中核産地に位置し、海岸沿いの傾斜地の多い中山間地域にある。この地域で温州みかんの生産が開始されたのは、1891年旧真穴村で試植されたのが始まりと言われており、その後、19世紀末頃にはその他の地区でも夏みかんやネーブルオレンジなど多様な柑橘生産が開始されている。

　当時の販売は商人が生産者の園地や庭先に買い付けに行く形で行われており、当時のみかん生産の先進地である吉田地方（現宇和島市吉田町）の商人や八幡浜の商人への販売が中心であった。また、夏みかんの販売も商人相手

に売買が行われていたが、1910年頃には地元商人が多くなっていた。しかしこの生産者から買い付けを行う商人は、問屋を専業とするものではなく自らも生産を行っており、出荷期には兼業的に販売取扱を行うブローカー的性格のものであった。そうした商人が集まって小さな組合を組織して、県外等への販売も行っていた。

そのような商人による小組合の中で、1912年に設立された旧日土村の㊁組合は、活発な活動を展開し、70人の参加を得て㊁の商標で出荷を行い、広島県糸崎 (注1) 中継の輸送を開始して、東京市場を開拓している。この㊁組合は、1918年には他の商人組合も統合して、戦時中の統制期直前まで活発な活動を続けている。その他、真穴地区にはみかんの取り扱いを中心とした出荷組合（㊝出荷組合）が1912年に設立され、東京市場への出荷を行っている。また、向灘地区には個人選別の共同出荷組織が1915年に設立され、大阪市場への出荷を開始し、1928年頃にはいくつかの出荷組合が結集し、1933年には共同選果を実施して、市場で高値を形成することに成功していた。

そうした中、農会の技術者を中心に、西宇和地区に果樹に関してのまとまった郡の中央機関を設立すべきとの考えが高まり、1916年に西宇和果物同業組合が創立されている。商人と生産者が合同した同業組合であり、宇和柑橘同業組合と同様に、商人からの証票料と汽船会社からの歩戻り金を組合の収入としていたが、組合の主旨を徹底することが難しく、証紙代などを十分に徴収できず、組合運営に支障が生じていた。そのため、役職員の連帯責任で市中銀行から一時借入して急場をしのいだりしていた。そうした中で、大陸への輸出など積極的な販売活動を行っていたが、同業組合の世話によるものは主流ではなく、商人や出荷組合による独自の展開が中心であった。

しかし、こうした各種組合の活動は、戦時経済体制下で自由な活動が制限され、1941年における青果物配給統制規制の施行により、統制組織の下に収束することとなる。1940年設立の西宇和青果物出荷組合連合会による域外出荷の一本化を経て、1943年には統制機関である農業会が戦時下の出荷配給を全面的に掌握する。

　このような統制経済下ではあるが、出荷組合は任意組合であるため、農業会の設立に対して統合されることはなく、そのまま存続した。統制下であるため出荷の自由はないが、集出荷の実務は従来通りに出荷組合で行われており、そこでは生産者が主導的な立場に立っていた。国家的な権力の裏付けがあったことが主な要因ではあるが、集荷力は拡大し、生産出荷組織としての存立基盤が強まったのである。他方で自由な販売が制限されているため商人の立場は後退している。こうした統制下に生産者組織が業者より優位に立ったことが、戦後の出荷体制に引き継がれることとなる[注2]。

２．西宇和青果農協の設立と共選体制

　1948年に設立された西宇和青果農協は、こうした西宇和果物同業組合、西宇和青果物出荷連合会、農業会の統制組織を引き継いでいるが、それは集落単位の出荷組織の活動をベースとした販売組織の連合会的な性格を有していたのである。他方、出荷組合は1950年には26組織あり、それらが１つずつの出荷単位となってマークを有し、西宇和青果農協の支部として集出荷販売の活動を行っていた。また、主に各支部単位には総合農協も設立されていた。

　これらの出荷組合（共選）、支部、総合農協は、その後も分裂、統合や合併などの再編が行われるが、基本的には柑橘生産の拡大に即して集出荷販売体制整備のための大規模化が進められ、支部が統合されることになる。その結果、1960年には22支部[注3]、1963年21支部、1969年20支部、1971年16支部、1976年15支部へと支部数は減少している。とはいえ、西宇和青果農協は、宇和青果農協にみられたように、宇和青果農協単位で統合選果場の建設およびマークの一本化までの統合は行われることはなく、旧小中学校地区単位への統合に留まっている。それらの関係図は**図7-1**に示した通りであり、1970年代から大きな再編は行われてはいない。つまり、それぞれの出荷・販売単位でマークを有する11共選、16支部[注4]、14の総合農協[注5]がそれぞれ存在していたのである。

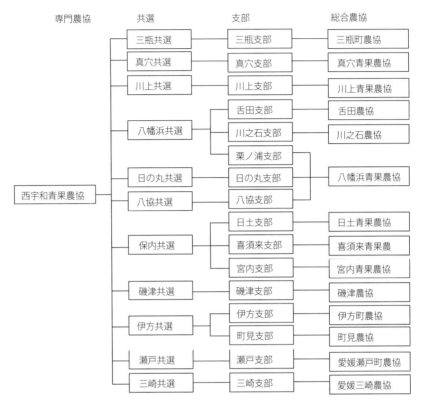

専門農協	共選	支部	総合農協

図7-1　西宇和青果農協管内の組織

資料：『西宇和農業協同組合史－45年のあゆみ』、農協要覧
注：当初三崎共選は加入しておらず、1980年に加入している。

　西宇和青果農協は、独自の営農指導員を有して各農協や共選に駐在 [注6]
させる形で柑橘の生産技術指導に携わり、定期的な異動があるため管内全体
の技術のレベルアップに寄与していたとみられる。また、販売に関しては、
各共選単位で方針を決めて販売を行っていたが、各総合農協の組合長が共選
の販売の責任者でもあり、各農協が分荷権を有して販売を行っていたのであ
る。西宇和青果農協は、各共選の代表者である共選長（各農協の役員）の協
議などの場を設けて、市場で商品が競合しないような調整を行っていたが、
基本的な販売決定は各共選が有していた。

138

　このような技術指導と販売対応の機能から考えると、西宇和青果農協は郡レベルの連合会的な性格を有していた組織とみることもできる。果樹生産を行う組合員は、地元の総合農協と西宇和青果農協の双方に加入し、事業的には使い分けをしており、農協側では事業内容に棲み分け的構造が形成されていた。

　1993年10月に設立された西宇和農協は、愛媛県下13農協構想に基づいた青果専門農協と総合農協との合併を含んだ形による愛媛県下で初の大型広域合併農協であり、14の総合農協と青果専門農協である西宇和青果農協の合併である。農協合併の検討は、1988年7月の組合長会で、当地区の合併検討の方向が打ち出されてから50回以上の協議検討会を経て合併経営計画書を作成してきた。合併に参加した農協および共選は、先の**図7-1**に示した単位が1つにまとまった構造であり、従来の管内で行われていたシステムを特に変化させることはなく、新農協の体制が整えられている。各総合農協の経営は特に問題があったわけではなく、体力があるうちの合併であったとみられる。

　西宇和青果農協の販売取扱額は、合併2年前における1991年度の249億円が最大であり、果樹販売金額が最大であった時期に、青果専門農協と総合農協の合併を決断したとみられる。そこには、柑橘類の国内生産が構造的に過剰とされ相対的に価格が低迷する状況に加えて、生鮮オレンジおよびオレンジ果汁の自由化が、それぞれ1991年と1992年から開始され、国内の果樹農業に対する情勢が悪化することが懸念される中で、地域農業の将来展望を考え農協合併を決断し、西宇和農協が発足しているとみられる[注7]。

3．共選を中心とした販売事業の展開

（1）西宇和農協における販売取扱高の推移と共選体制

　西宇和農協は同地域における柑橘生産が維持されている段階で農協合併を行って設立されている[注8]が、農協発足前後の果実販売量の推移を示したのが**図7-2**である。同農協の果実販売は、大きくは、温州みかん（市場出荷）、

単位：トン

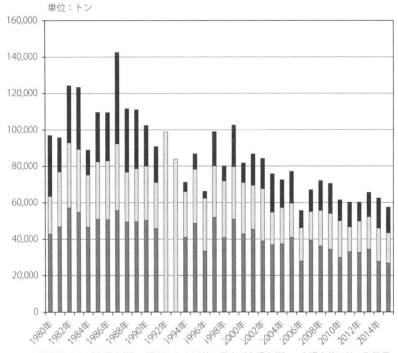

■温州みかん（市場出荷）　□温州みかん以外の果実（市場出荷）　■市場出荷以外の取扱量

図7-2　西宇和農協（旧西宇和青果農協）の販売取扱量の推移

資料：『西宇和青果農協史－45年のあゆみ－』、西宇和農協資料、青果連50年史
注：1）1991年までは、『西宇和青果農協史』による。
　　2）1992年と1993年は青果連50年史からのデータ。市場出荷の内訳が不明であり、果実合計である。
　　3）1994年～2000年は「総代会資料」により、1998年～2000年は、計画量の対前年比から計算で算出。
　　4）1993年～2000年は市場出荷以外の量は加工用であり、合計から加工用を除いた値を市場出荷量とした。
　　5）2001年からは西宇和農協の販売取扱資料である。

その他柑橘（市場出荷）のほか、市場出荷以外の果実（主に加工仕向け）の
３つからなっている。資料の関係から正確な数量およびデータの連続性には
問題があるが、おおよその傾向は**図7-2**に示した通りであり、そこからは、
いずれの形態も西宇和農協発足後に減少しているが、大きく減少しているの
は、加工仕向け等の果実であるのに対して、温州みかん（市場出荷）は比較
的維持されている。
　こうした販売事業の展開は西宇和農協管内の共選単位で行われている。合

併後の変化としては、瀬戸共選が三崎共選に統合され、11共選体制から10共選体制に変化したのみであり、**図7-1**でみた旧西宇和青果農協の体制はほぼ踏襲されている。そして、光センサー機に対応した共選施設の整備も各共選単位で行われてきたのである。共選施設は、かつてほぼ共選単位に存在していた総合農協の施設であり、各総合農協と支部および共選が協力して運営にあたっていた。しかし、西宇和農協への合併後は、共選の施設は西宇和農協の施設となり、西宇和農協から共選事務局員として職員が派遣され、西宇和農協と共選で運営にあたる体制へと変化している。それほど大きな変化ではないが、地区の農協という存在ではなくなったことにより、地区の組織としての共選の位置づけが相対的に重要となり、結果として共選単位の組織体制が強化されているともみられる。つまり、もともと共選単位の結束力は有しており、温州みかん価格暴落後への対応も共選単位で行っていたが、西宇和農協設立に伴う組織再編を通して、共選単位の総合農協が支所となり相対的に共選の位置付けが高まり、共選の結束力が強まったとみられる。

　そうした展開は、共選管内の品目構成や販売方針にも相違を生じさせることになる。**表7-1**にみられるように、温州みかん100％の共選（日の丸共選）から全てを中晩柑類に生産をシフトさせている共選（三崎共選）まで多彩であり、西宇和農協設立後においても地域特性を活かした共選単位の品目選択の方針が反映されている。この傾向は、2000年代から2010年代前半の変化でも同様であり、共選毎に異なるのである。

　このような体制の下で販売事業の展開を行っているのであるが、**図7-3**に示したように、2000年代前半は価格が低迷し、各共選でもその対応に迫られることになる。具体的な対応は共選によって異なり、さらなる品種転換や園地維持を図りながら、販売対応にも独自の考えで取り組むことになる。その1つは差別化商品への取り組みであり、レギュラー品とは異なる基準をクリアした生産物を特殊（特選）商材として販売し、高価格を実現するという戦略である。もう1つは共選場内の組合員への精算方法の精緻化であり、光センサー機の導入に伴う糖酸度のデータを駆使して、より高品質な生産を行っ

表7-1　西宇和農協における共選別の販売取扱金額の推移

共選名		1998年	1999年	2000年	2001年	2002年	2003年	2004年	2005年
日の丸	温州みかん	1,424	965	1,047	887	973	813	835	903
	中晩柑・落葉	0	0	0	0	0	0	0	0
八協	温州みかん	1,950	1,071	1,485	1,086	1,156	927	1,126	1,044
	中晩柑・落葉	846	975	708	825	802	1,052	776	738
八幡浜	温州みかん	1,090	650	865	652	755	525	684	579
	中晩柑・落葉	153	197	113	143	106	149	95	90
真穴	温州みかん	2,691	1,741	2,314	1,679	1,660	1,375	1,840	1,467
	中晩柑・落葉	23	22	17	16	17	34	21	22
川上	温州みかん	2,436	1,567	2,143	1,566	1,924	1,273	1,569	1,444
	中晩柑・落葉	16	16	12	12	12	22	11	12
三瓶	温州みかん	984	699	841	646	730	526	615	604
	中晩柑・落葉	410	396	371	82	406	555	418	395
保内	温州みかん	1,733	1,217	1,219	1,174	1,468	1,129	1,313	1,316
	中晩柑・落葉	2,058	2,868	1,831	2,261	2,003	3,649	1,825	1,914
磯津	温州みかん	89	49	41	42	52	34	37	43
	中晩柑・落葉	105	107	83	68	86	184	56	57
伊方	温州みかん	1,338	1,054	1,131	980	1,267	884	970	1,022
	中晩柑・落葉	434	570	344	413	410	665	442	446
三崎	温州みかん	155	126	143	127	140	79	108	8
	中晩柑・落葉	1,849	1,921	1,421	1,617	1,673	1,721	1,467	1,247
合計	温州みかん	13,890	9,139	11,229	8,839	10,125	7,565	9,097	8,430
	中晩柑・落葉	5,894	7,072	4,900	5,437	5,515	8,031	5,111	4,921

資料：西宇和農協総代会資料

た組合員に対してより多くの精算を行うシステムへの変換を進めている。これは、市場での価格差をよりストレートに精算段階に反映することではあるが、これにより組合員の生産意欲を高めると同時に、高品質生産を行っていると自認する組合員の共同計算への批判を回避することも狙いとしていたとみられる。

　とはいえ、こうした販売戦略のみでは共選内の生産者組合員の格差を拡大することにもなりかねない。また、生産者の収入という点では、高単価な販売のみではなく、もっとも生産量が多いレギュラー品の価格動向がポイントである。そういった点では、西宇和農協管内の各共選は、市場価格が低価格化したもとでの差別的販売と精算時における評価方法などを、全体の組合員の利益につなげるという共同販売の機能と矛盾しない範囲でどのように展開するか、非常に苦心した展開を行ってきたのであるが、真穴共選を事例としてそのことを検討してみよう。

単位：百万円

2006年	2007年	2008年	2009年	2010年	2011年	2012年	2013年	2014年	2015年
1,019	912	972	710	902	941	933	1,001	798	1,005
0	0	0	0	0	0	0	0	0	0
1,281	1,055	1,188	922	1,108	1,255	1,081	1,190	850	1,071
605	641	599	628	601	599	619	641	601	676
601	642	774	518	714	564	715	660	603	557
67	90	103	109	109	106	101	112	106	129
1,773	1,692	1,829	1,419	1,827	1,898	1,905	2,044	1,685	1,699
19	25	37	38	46	43	52	47	45	57
1,525	1,566	1,810	1,275	1,708	1,381	1,970	1,948	1,776	1,761
9	12	13	17	21	21	18	26	25	35
583	534	660	408	496	501	499	563	370	364
408	351	434	434	468	419	455	452	463	506
1,418	1,412	1,522	1,171	1,439	1,414	1,489	1,645	1,220	1,320
1,672	1,766	1,930	1,966	1,886	2,057	2,107	2,115	1,887	2,410
42	50	38	41	37	49	35	53	26	31
75	52	65	57	71	74	75	54	55	45
878	917	1,013	794	817	865	869	919	698	752
566	592	687	647	681	725	729	683	633	801
7	10	9	8	7	4	2	0	0	0
1,059	928	996	1,209	992	1,101	1,091	956	1,069	1,277
9,127	8,790	9,815	7,266	9,055	8,872	9,498	10,023	8,026	8,560
4,480	4,457	4,864	5,105	4,875	5,145	5,247	5,086	4,884	5,936

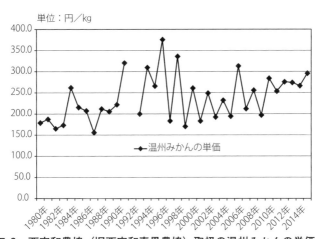

図7-3　西宇和農協（旧西宇和青果農協）取扱の温州みかんの単価

資料：『西宇和青果農協史－45年のあゆみ－』、西宇和農協資料
注：1）1991年までは、『西宇和青果農協史』による。
　　2）1992年は合併前後で会計年度の変更もありデータ不明。
　　3）1993年～2000年は「総代会資料」により、1998年～2000年は、計画販売単価
　　　　の対前年比から計算で算出。
　　4）2001年からは西宇和農協の販売取扱資料である。

（2）共選組織の体制維持と特選商材の取り扱い─真穴共選の実践から─

　真穴共選は、**表7-1**からもわかるように、温州みかん中心の生産・販売を行っており、2017年産の取扱金額に占めるその割合は97.1％である。**図7-4**は、1976年から2009年までの栽培面積と生産量の推移を示したものであり、2000年代後半になると栽培面積に若干の減少傾向が見られ、生産量も減少しているが、この間における愛媛県全体の動向と比較すると、生産量は維持されているとみることができる。

　真穴共選の販売先は、**表7-2**に見られるように、地元以外の卸売市場を中心に構成されている。小売りへの直接販売は若干の増加傾向にあることは確認できるが、きわめて限られた展開に留まっているとみられる。2000年代になって、良品質であっても価格が低迷する現状に直面する中で、卸売市場に頼らない販売戦略が1つの方向性として企図され、2007年からは小売りへの直接販売の出荷量の数値目標を総会資料に明記して実施しているが、**表7-2**に示した範囲であった。しかし、卸売市場を経由した販売においても、実需者を明確にした販売には取り組んでおり、実質的な直接的販売は増加しているともみられる。とはいえ、価格形成の場としてはあくまで卸売市場を中心としている^(注9)。

　卸売市場を中心とした販売が大部分を占め、継続している要因としては、代金決済の確実性などもあるが、真穴共選のみかんが市場において十分な引

表7-2　真穴共選の販売取扱高における出荷先別の割合

単位：％

	市場出荷 （地場以外）	地場市場 出荷	小売 販売	加工	その他	合計
2005 年	93.4	2.2	2.6	0.5	1.2	100.0
2006 年	91.4	5.4	2.9	0.1	0.2	100.0
2007 年	92.8	1.8	3.7	1.1	0.6	100.0
2008 年	91.2	3.1	4.0	1.1	0.6	100.0
2009 年	91.4	2.9	3.9	0.6	1.3	100.0

資料：「真穴共選総会資料」

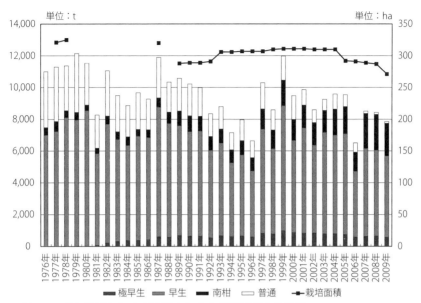

単位：t　　　　　　　　　　　　　　　　　　　　　　　　単位：ha

凡例：■ 極早生　■ 早生　■ 南柑　□ 普通　■ 栽培面積

図7-4　真穴共選における温州みかんの栽培面積と生産量

資料：「真穴共選総会資料」
注：栽培面積の記述がない年次は、「資料なし」である。

きがあり、低迷することもあるとはいえ相対的に高価格を形成している点が
あげられる。しかし、より有利な販売実現と良品質を出荷する生産者に対す
る高い評価による精算金額の還元が強く求められるようになってきていた。
そのための対応として真穴共選では２つの実践が行われている。

　１つは生産者への販売金額の精算方法に関わることであり、多くの要素を
点数化した厳密な精算と、市場価格の評価をなるべく反映させた精算を実施
するように変化してきている。真穴共選では、外観評価のみではなく果実内
容も加味した等級と、大きさと形状からみた階級を区分ごとに指数化した点
数で基本的な精算金額を決めているが、その評価にプラスマイナス10％の範
囲で糖酸度加減点と同様にプラスマイナス５％の範囲で品質点が加味される。
さらに、受け入れ時期における評価指数も精算には反映されている。多くの
産地で光センサーが導入され、市場評価が明確化されつつある今日の果実市

場においては、どこの産地でもある程度は行われていることと見られるが、糖酸度加減点のみで最大20％の差が生じている点は、すでに等級評価にも糖酸度の状況は反映された上でのことであるから、きわめて大きいとみられる。

　また、1990年代後半から2000年代にかけての10年ほどの変化をみてみると、等級区分に新たに「特秀」が設置され、その点数と最も量が多い「良」品との指数差は２倍以上になっている。階級点は現在の売れ筋であるMサイズへの評価をこれまでより高い指数としており、従来は階級による指数の差は、２倍程度差であったものが2.3倍の差に拡大している。さらに、受け入れ時期による指数の差も従来1.5倍程度であったものが２倍近くにまで拡大している。

　このように、品質や出荷時期により、等階級指数の点数においては、より大きな差が生じており、それを反映させた精算を行っており、結果として生産者間の差が明確になってきている。それは、品質の良いみかんを高く売れる時期に出荷する生産者に対して、より多くの収入につながる精算を行うようになってきたためでもある。

　もう１つの実践は、共計の単位とは異なる別計算あつかいの特選商材の展開であり、2009年度では10商材ほどがある。**表7-3**は、そのうちの１つであり、真穴共選の代表的な特選商材の５年間の推移を示したものである。この商材は、園地の場所、栽培方法、樹の指定があり、申請された園地を共選で確認し、承認された園地で生産されたものに限定されている。単価は、2009年度の実績で、レギュラー品の約1.6倍を実現している。**表7-3**からは、その数量的な取扱割合に変化は見られないが、金額面におけるウエイトは早生で1.4ポイント、南柑で2.6ポイント上昇しており、特選商材に生産者が取り組むメリットが価格面ではより明確になりつつあるとみられる。

　このように、真穴共選では、卸売市場を中心としつつも、実質的には実需者と販売交渉を行った販売展開に基づき、そうした市場評価を生産者にも反映させるために、品質面の差を反映させた生産者への精算方法や特選商材への取り組みを進めている。生産者による良品質への生産の取り組みが収入差

表7-3　真穴共選における特選商材の取扱実績

数量　　　　　　　　　　　　　　　　　　　　　　　　　　　　　　　単位：%、t

		2005年	2006年	2007年	2008年	2009年
早生	レギュラー（%）	83.5	87.8	86.5	85.2	89.1
	特選商材（%）	7.5	7.4	8.0	6.8	7.4
	その他（%）	9.0	4.7	5.5	8.0	3.5
	合計（t）	5,142	3,375	4,698	4,384	4,359
南柑	レギュラー（%）	81.0	85.1	84.3	78.7	85.7
	特選商材（%）	11.9	12.1	11.9	10.0	11.8
	その他（%）	7.1	2.8	3.8	11.3	2.4
	合計（t）	1,329	976	1,884	1,898	1,823

金額　　　　　　　　　　　　　　　　　　　　　　　　　　　　　　単位：%、千円

		2005年	2006年	2007年	2008年	2009年
早生	レギュラー（%）	80.2	84.7	83.0	83.3	84.7
	特選商材（%）	9.8	9.3	10.9	9.6	11.2
	その他（%）	10.0	6.0	6.1	7.1	4.1
	合計（t）	929,056	1,140,790	1,078,293	1,150,325	901,028
南柑	レギュラー（%）	78.7	82.0	82.1	77.3	80.5
	特選商材（%）	14.7	15.3	14.8	13.6	17.3
	その他（%）	6.5	2.7	3.0	9.1	2.3
	合計（t）	265,458	320,255	431,024	516,648	398,522

資料：「真穴共選総会資料」

にもつながるシステムであると思われる。しかし、こうした真穴共選の取り組みは、あくまで共同販売の範囲内であり、流通事情の変化に対応した取り組みであると考えられる。そして、決して生産者を淘汰するようなシステムや目的ではなく、より正当な評価を行うことで組合員の共販への不満を縮小すると同時に、良品質への取り組みを通して真穴共選全体の評価を上げることを目標としたものとみられる。

　つまり、等階級指数の点数差は大きくなり、それが精算金額には反映されるのであるが、市場単価の差をそのまま生産者に当てはめて精算金額を確定しているのではなく、共選に参加する多くの生産者がメリットを得るための対応を行っているのである。矛盾した説明になっていると受け止められるかもしれないが、指数点の差は大きくなり、そのもとでの価格差が精算額の差に反映されるのではあるが、市場価格の価格差を単純に精算額に連動させない計算方法がとられているのである[注10]。

　さらに、販売戦略でもあると思われるが、真穴共選における「特秀」の割合がきわめて限られている。その割合は、早生品種で、2009年0.1％、2008年0.3％であり、西宇和農協管内の各共選のそれが5.5％、5.1％であることと比較して非常に限定的である。また、**表7-3**からも確認されたように、特選商材の取扱が特別に拡大しているとはみられないのである。このように差別化された部分の生産販売に特化した戦略は一切有しておらず、共販体制を重視し、産地全体の生産を維持するための販売戦略として、共販組織のシステムを変化させているとみることができる^(注11)。

４．西宇和農協による一体的な販売対応と営農指導事業の展開

（１）西宇和農協による一体的な販売事業展開

　また、近年における販売事業の特徴として、本所を中心とした販売促進活動を指摘できる。西宇和農協では、卸売市場販売を基本としながらも、実需者への直接販売を展開している。つまり卸売市場への出荷品の４割ほどは、農協、卸売業者、仲卸業者、小売業者との協議で契約的な販売に取り組まれている。また、小売店舗での販売イベントを実施しているほか、温州みかん消費の子供・若年層への浸透を図るために、アニメキャラクターを使ったテレビコマーシャル、幼稚園や大学祭でのサンプルみかんの配布といった活動を行っている。

　その後、**図7-3**にみられるように2000年代後半から価格は持ち直している。近年における高値安定ともいえる価格水準は、全国的に温州みかんの生産が大きく減少している中で、全体的な需給バランスの改善によるところが主な要因ではあるが、西宇和農協管内のように食味に優れた銘柄産地における生産販売事業の積極的な展開による成果と見ることもできる。**図7-2**に示した販売量の減少を補って販売取扱高は堅調に推移しており、2013年には温州みかんのみで11年ぶりに100億円を上回っている。こうした販売事業の展開は、共選別の販売対応のみではなく、西宇和農協としての販売促進活動が奏功し

ているためとみることもできる。

（2）営農指導事業の展開

　合併初年度である1993年には40名の営農指導員を有しているが、これは専門農協である西宇和青果農協と14の総合農協の営農指導員の合計人数であり、各支部、共選への駐在を基本としていた。その後、営農指導員は、管内4カ所の営農管理センターに集約化するかたちで再編が行われ、2017年度末の営農指導員は23名である。

　また、**図7-5**は、営農指導事業の直接的収入と支出の動向を示したものである。西宇和農協の営農指導事業は、柑橘作振興に向けた技術指導、園地整

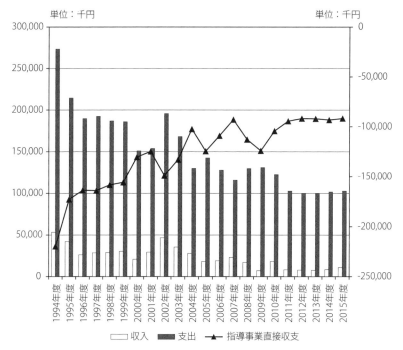

図7-5　西宇和農協における指導事業の収支（直接費）

資料：西宇和農協総代会資料
注：収入、支出は左目盛。指導事業直接収支は右目盛である。

備、組織育成のほか、畜産部門の農業指導・振興にかかる事業等も実施している。近年の特徴としては、全体的に支出が減少し青果指導費の割合が減少する中で、同志会^(注12)運営費などの組織育成費を維持しているという点が確認できる。

　柑橘類に関する技術指導の方針は、1967年に価格が下落した時より高品質生産のための指導に取り組んできているとみられるが、柑橘類市場がより競争的構造を強めている中で、特にその取り組みが強化されている。特に、光センサー機が導入された結果、従来の感覚と異なって、糖度が思ったよりも高くなかったことが認識され、高品質温州みかん生産に向けた農協の取り組みが本格化している。そこでは、平均糖度12度以上、酸度1.1以下を確保することを基本とし、これと連動した早期摘果の実施（適正生産量への調整）、防除・施肥の徹底（浮き皮防止等）、マルチシート被覆の推進（水分ストレスによる糖度上昇、日光反射による着色推進）等を行っており、特にマルチシートの被覆は目標面積を定めて推進を図っており、普及が進んでいる。

（3）労働力および新規就農者支援事業の展開

　高齢化と後継者不足による労働力不足問題が早くから言われているが、それをただ嘆くのみでは解決に至らないと積極的な取り組みが行われている。柑橘作に関しては特に収穫作業を手作業に頼らざるを得ない作業工程の関係で、収穫期に多くの雇用労働力を必要としてきた。それを組織的に確保する取り組みとして先駆的なものとして、真穴共選の取り組みがあげられる。

　真穴共選では、1994年から「真穴みかんの里アルバイター」として農繁期の労働力確保に取り組んできている。全国から募集しており、今では東京と大阪で面接を実施して採用を図っている。アルバイターは、真穴地区の農家にホームステイして、約40日間収穫作業に従事する。当初は30名ほどの参加であったが、リピート率も高くなり、2011年からは100名を超えている。近年は募集が多く、面接でお断りするケースもあり、2015年の実績は、55戸のホームステイ登録農家に179名の受け入れが行われた。その他、八幡浜市と

しては、2013年から「八幡浜お手伝いプロジェクト」を実施しており、主に松山市から募集をしてワーカー登録した方を有償ボランティア^(注13)として農家に派遣して収穫作業に従事してもらっている。このプロジェクトでは、2014年から企業による地域貢献活動としての受け入れも行っており、2015年は8団体208名の参加がみられた。その他、伊方町では、「農家元気応援隊」として愛媛県内の大学や県内の住民が農業に従事するプロジェクトを行っている。

当初は素人が農作業に従事することに不安を有していた生産者も、研修を受けてからの参加であることや、参加者の真剣な取り組みを理解し、受入を積極的に行っている。こうした援農システムの仕組みを体系的に整え、農繁期の労働力確保や担い手確保・育成につなげるため、西宇和農協は関係機関と協力して「西宇和みかん支援隊」を2014年に設立した。ここでは国の補助事業も活用して様々な支援活動を行っているが、収穫作業等のアルバイトに長期従事する方のための宿泊所として廃校を活用した宿泊施設を設置し、その運営を農協が行うなど、積極的な対応を行っている。

さらに、西宇和農協として臨時職員を採用し、周年で農家の作業支援を行う事業を2013年から実施している。2015年の実績ではのべ2,176人が農作業に従事しており、こういった面でも西宇和農協の積極的な労働力支援が確認できる。

こうした支援事業は、新規就農者の確保も視野に入れた取り組みでもある。これまでもアルバイターなどの形で農作業の支援に携わる中で農業に関心を持ち、就農へと至るケースもみられたが、近年の堅調なみかん価格の実現によって、青年層の就農が増加している。2006年から2015年の10年間における新規農業就農者は194人（うち40歳未満は164人）となっており、特に青年就農給付金（現、農業次世代人材投資資金）制度が設立された後の2013年度以降の就農者が83人（うち40歳未満70人）であり、急増している。主流はUターンなどで農業後継者が自家農業に従事するケースである^(注14)が、Iターンで就農をめざす就農者もみられ、農協が新規就農者の受け入れ、長期研修と

育成のための取り組みを行っている。

５．専門農協的性格を強く継続した総合農協としての西宇和農協

　以上みてきたように、西宇和農協は愛媛県下の優良柑橘産地にあって、柑橘生産・販売を中心とする農業振興に取り組んできた農協であり、そうした活動の成果によって産地基盤の維持が図られている。この地域でも生産者の減少と高齢化は進展しているものの、近年における堅調な柑橘価格の実現によって、次世代の経営者となるべき若年層の就農が進む状況も目立つようになっており、農協がそれを支援している。

　西宇和農協の事業構造をみてみると、各部門別の事業総利益の推移は**図**

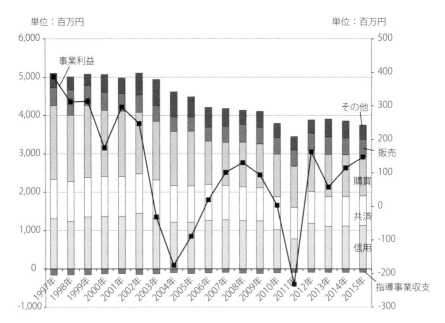

図7-6　西宇和農協の事業総利益と事業利益の推移

資料：西宇和農協総代会資料
注：１）データの連続性の関係で1993年度から1996年度は除いた。
　　２）部門別の事業総利益の金額は左目盛であり、事業利益の金額は右目盛である。

7-6に示したように推移している。合併当初と比較して、購買事業総利益の割合が10ポイント近く減少し、代わって信用事業のそれが上昇している。販売事業の総利益の割合は、一時期価格が下落して販売取扱高が低迷した時期には10％を下回っていたが、近年は12％程度まで回復しており、極端に信用と共済事業に依存した事業総利益構造ではないとみられる。組合員の動向は、正組合員数が1993年9,482人から2015年5,923人へと37.5％も減少し、准組合員が同時期に7,422人から6,375人へと14.1％の減少であるため、2014年度からは正准の逆転構成となっているが、極端に准組合員の割合が多い構成ではない。

　また、部門別事業利益構成の推移を示した**図7-7**からは、信用事業、共済事業、農業関連事業が事業利益ベースでプラスであり、生活その他事業と営農指導事業がマイナスである。農業関連事業（農産物販売、農業生産資材購

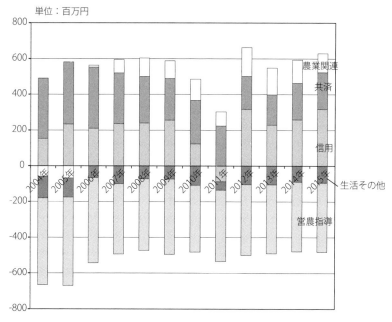

図7-7　西宇和農協における部門別事業利益の推移
資料：西宇和農協総代会資料

買）がプラスである点は注目すべき点であり、販売手数料が２％未満ときわめて低利である中での黒字構造である。これは、販売取扱高の推移が堅調である点に加えて、共選運営の中で、選果利用料金、施設の減価償却費と固定資産税など、施設利用に関する点で組合員による応益負担と独立採算性が確立しているためであり、青果専門農協の時代から続く共選運営のルールが継承されているためでもある。このように、営農指導事業と販売事業を中心とした事業展開を行い、事業運営の面での自立的運営を重視する青果専門農協的性格を強く引き継いだ農協運営が事業構造にも現れているとみられる。

　とはいえ、営農指導事業費に関しては**図7-7**でもわかるように農業関連事業のみではマイナス分をカバーできない構造にある。営農指導事業にかかる支出額約４億円のうち2.6億円は人件費であり、同事業の収入はごく僅かであるため、この事業は他部門からの繰り入れ資金によって実施されていることになる。こうした事業構造の中においても営農支援事業の積極的展開を行っているわけであり、総合農協としての資金力を活かした農業振興とみることができる。

　西宇和農協では、その他にもみかん収穫時期の夕食おかず宅配事業も実施しており[注15]、総合的な事業で柑橘産地を支えている取り組みが行われている。共選体制を基本とした専門農協的性格を有しているとはいえ、販売事業や労働力支援事業の面では本所中心の展開もみられ、その他の多様な事業が産地を支える体制は、総合農協ならではの地域農業支援であり、新しい合併農協としての地域農業振興機能を展開しているとみられる。

注
（注１）鉄道輸送の拠点であり、第９章で述べる越智園芸連はかつてこの地に選果施設を有していた。
（注２）このような、統制経済下において出荷組合が実質的に果樹の集出荷の中心的機能を果たし、戦後の果樹販売体制の基礎になったという出荷組合に対する評価は、宇和青果農協と同様な見方である。この点および第一節に関して詳しくは、西宇和青果農協『西宇和柑橘30年のあゆみ』1979年、を参照。
（注３）1959年には２支部の脱退もあった。

（注４）1980年に１支部の加入があった。

（注５）農協名の中には、「八幡浜青果農協」など「青果」の文字が入る農協もあるが、専門農協ではなく総合農協である。管内の作目構成が柑橘に特化しているためにつけられた名称であるが、1984年に全国銀行内国為替制度加盟に係わって、名称に関して問題が生じたことがある。この点に関しては、麻野尚延『みかん産業と農協』農林統計協会、1987年、参照。

（注６）３農協で１つの共選を運営している場合は農協ではなく共選に駐在するなどの形で行っていた。

（注７）西宇和農業協同組合『西宇和青果農業協同組合史　45年のあゆみ』1993年９月、参照。

（注８）西宇和農協管内の行政区は、八幡浜市、伊方町、西予市三瓶であり、平成合併前の段階では、第３章の表3-2における、三崎町、瀬戸町、伊方町、保内町、八幡浜市、三瓶町である。図3-4からわかるように地域差はあるが、西宇和農協管内最大の園地面積を有する八幡浜市の状況からもわかるように、愛媛県内の中では、比較的園地が維持されているところである。

（注９）当時から西宇和農協においては、卸売市場を経由した形ではあるが、卸売市場・仲卸・販売店舗と農協および共選との間において、価格や取扱量を事前に取り決めた形で一定程度の販売を行う戦略を進めていた。従来におけるそれは、口約束的な要素が多かったが、売買契約書を取り決めて実施するケースを進めてきた。その傾向は2010年代に入ると本格化している。

（注10）この点に関しては、林芙俊『共販組織とボトムアップ型産地技術マネジメント』筑波書房、2019年、においても言及されている。そこでは、等階級別点数についての実態と点数差と精算価格差についての共選関係者の認識が示されており、著者による共選内の組織の維持と組織の革新性について考察がみられる。

（注11）西宇和農協管内では共選によりこの対応も異なる。

（注12）同志会については、第６章注10を参照。

（注13）主に八幡浜市内で使用できる地域クーポン券を支給する。

（注14）特に農業後継者として就農するケースが多く、西宇和農協を退職して自家農業に専従化する動きが顕著に見られている。ただ、農協としては中堅の職員が退職することにもつながっており、悩ましい問題ともなっている。農業後継者が地域に戻ることによる地域農業構造の変化に関しては、板橋衛「愛媛県における農業の担い手像と地域農業の再編主体としての農協機能」『農業問題研究』第50巻第１号、2018年７月参照。

（注15）詳しくは、板橋衛「地域社会におけるライフラインの保持と農協機能」『農業と経済』第78巻第８号、2012年８月、を参照。

第8章

農協合併による産地再編と産地ブランド
—えひめ中央農協管内の産地再編と総合農協機能に注目して—

1．はじめに

　1990年代から本格化した愛媛県における農協組織の系統再編においては、従来、果樹販売の中心であった青果専門農協が地域の総合農協と合併するケースがみられるようになった。青果専門農協は、果樹生産者を組合員とし、果樹産地を単位として事業展開を行ってきたが、その事業管内は一般的に市町村（平成の合併前）の単位を超える広域な範囲であった。そのため、1つの青果専門農協と多数の地域の総合農協による合併となるケースが主流であった。

　本章の事例であるえひめ中央農協は、3つの青果専門農協を含む12農協の参加で1999年に設立された広域合併農協である。3つの青果専門農協とはいえ、元々は1913年に設立された伊予果物同業組合の組織・事業エリアに位置しているという点では、1つの産地の単位とみることはできる。しかし、戦後は独自の事業展開を行っていたため、販売銘柄についてもそれぞれであった。そういった点では、生産・流通の単位での合併、すなわち産地の論理ではなく、全国的にみられた農協経営や系統組織再編の論理による近年の農協合併の性格を有しているともみられる[注1]。ただ、第4章でみた愛媛県下13農協構想および10農協構想においては、松山市近郊一帯の農協を一本化する構想であったが、えひめ中央農協は、市内の市街地や近郊の水田地帯が主である農協とは合併を実施していない。そういった点では、果樹産地の論理を優先させた農協合併ともみられる。

　こうした合併農協であるえひめ中央農協のもう1つの特徴は、農協合併を契機として、合併後に積極的に銘柄（マーク）統一に向けた取り組みを実施したことである。第5章から第7章でみてきた南予地方の果樹地帯の合併農協は、共選を1つの産地単位とし、施設の老朽化等による選果施設の更新を契機とした統廃合はみられたが、農協合併を契機としては産地再編には取り組んではいない。そういった農協・産地に対してえひめ中央農協の取り組みは対照的である。

　ここでは、えひめ中央農協における農協合併後における銘柄統一に向けた取り組みを振り返ることで、果樹の産地としての組織単位の意味を検討し、総合農協としての事業展開のあり方を考察する。

2．青果専門農協の事業展開

（1）伊予園芸農協

　1948年7月に伊予郡3町9村（当時）を管内とする青果専門農協として伊予園芸農協が設立された。管内には25の選果場と4つの蔬菜出荷組合があり、果樹と蔬菜の出荷組合の連合会的組織として、戦後、愛媛県下で最初の青果専門農協の設立であった。

　その後、管内の生産拡大に伴って、市場の要望に応える出荷体制を整えるために、選果施設の大型化と合わせて出荷組合の合併・統合が進んでいくが、1962年にはそうした各出荷組合（共選）を伊予園芸農協の支部として位置づけ、組織体制の充実を図ると同時に農協直営の選果場を建設していくことになる。そして、1964年には販売銘柄（マーク）を㊥に統一し、管内の多様な農業地帯を考慮した地区別や時期別の区分出荷を行いつつ、品質の均一化への指導が行われ、愛媛県の果樹産地では初めて酸度検査も実施されている。しかし、1972年の温州みかん価格暴落を経て、温州みかんから作目・品種転換を進める必要性に迫られ、管内をブロック制にして、そのブロック単位の特性を活かした品種転換と販売対応を行うこととして、1975年からはブロッ

表 8-1　伊予園芸農協管内の種類別果樹面積

単位：ha

	1980 年	1985 年	1990 年
温室みかん	43	46	66
極早生みかん	145	296	384
早生みかん	1,085	688	299
普通みかん	591	305	153
ネーブル	159	112	29
伊予柑	565	664	669
その他	253	313	339
合計	2,840	2,424	1,939

資料：青果連 50 年史

ク別の共同計算に移行している。

　品種の変化は**表8-1**に示した通りであるが、早生品種への取り組みを進め、特にハウス（温室）みかんは全国銘柄となり、一時期は愛知県の蒲郡に匹敵する産地に成長した。また、管内は水田地帯を比較的多く有しており、水田への果樹展開もみられたが、温州みかんの品質という点では問題があり、価格暴落後は、ハウスみかんへの転換と同時に、ブドウ、キウイフルーツ等の多様な果樹作目やそら豆、ホウレンソウなどの野菜作の生産振興にも取り組んできた[注2]。

（2）温泉青果農協

　1946年2月に温泉郡と松山市管内の各町村農業会、各出荷組合を構成分子として温泉青果出荷連合会が設立され、この連合会をベースにして、1948年9月に農協法に基づいて温泉青果農協が設立された。温泉青果農協は、設立時から信用事業を行うことを認可されていたとはいえ、基本的には青果専門農協である。そこでは、伊予果物同業組合時代から続いている出荷組合で行われていた果樹の集荷・荷造り・販売事業を基礎として、それら出荷組合の連合会的な機能を果たしていた。

　その後、市場流通条件の拡大への対応と生産量の増加に対応して、大型の

選果施設の建設と出荷組合の統合・合併が行われる中で、任意の出荷組合から法人化して農協（共選農協）となるケースがみられるようになってきた。そこで組織内での検討を行い、温泉青果農協は連合会的な機能から脱却して名実共に単協（農協）としての機能を備える方向に進むべきとの方針を取り決める。その方針に従って、1962年から温泉青果農協直営の選果場建設に着手することとなり、独自の「果樹コンビナート構想」に基づいて、選果施設および加工施設・運営市場の整備に取り組み、販売銘柄も温マークに統一している。この温マークは、1964年〜1967年には秀一本の等級として販売銘柄の統一化を強めたが、1968年の温州みかんの価格下落後は、品種転換を進めつつ、等階級区分を細分化した厳選体制による評価に移行することになる。しかし、販売銘柄としては温マークを維持した共販体制が継続するのである。

　また、選果場の整備は、1962年に国鉄松山駅近くに第一共選場を建設したのを皮切りに、1964年には共選農協として運営されていた選果場を温泉青果農協の共通管理体制に組み入れて第二・第三共選場とし出荷体制を整備する。さらに、その後の温州みかんの生産出荷量の増加と品種転換による品目別選果ラインの設置など、1986年には7つの選果場を運営する体制にまで拡大した。こうした背景には、管内の品目構成が**表8-2**に示したように、温州みかん中心から宮内伊予柑を中心とした多様な品種構成に変化してきたことがある^(注3)。

　他方、温泉青果農協としての組織拡大としての農協合併は、当初は同一の組合員で構成される共選農協との合併が進められるが、総合農協との合併においては、第4章でみたような系統農協組織内の紛争問題を引き起こすことになる。温泉青果農協の側から見ると、果樹や野菜の生産者が多い農協との合併であり、それら生産者は温泉青果農協の組合員でもあるためである。そして、その農協管内においては水田が市街地化されて減少したことも起因して、生産・販売品目的には青果物が中心となっていたのである。そうした地域を管内とする農協との合併を実施してきたとの考え方である。えひめ中央農協設立前の段階で、1964年五明農協、1966年道後果樹農協^(注4)、1970年伊

表8-2　温泉青果農協の種類別果樹面積

単位：ha、%

	1973 年		1988 年	
早生温州	520	14.9	265	9.7
普通温州	2,382	68.1	377	13.9
宮内伊予柑	110	3.1	1,575	57.9
普通伊予柑	402	11.5	178	6.5
ネーブル	15	0.4	115	4.2
甘夏柑	35	1.0	25	0.9
八朔	20	0.6	27	1.0
その他	16	0.5	20	0.7
キウイフルーツ	0	0.0	140	5.1
合計	3,500	100.0	2,722	100.0

資料：麻野尚延『国際化時代のみかん産業と農協』

台農協、1977年桑原農協、1986年由良農協、1994年松山市生石農協を吸収する形で農協合併を行っており、松山市内の合併構想の方針に基づいた合併と位置づけている。こうした農協合併の結果、果樹と野菜の生産地帯を中心とはしているとはいえ、総合農協と合併した農協管内では信用・共済・生活購買事業も強化しており、事業構造としては、青果専門農協的性格を有する総合農協である^(注5)。

（3）中島青果農協

　瀬戸内海の島嶼部である中島地区は、戦前の伊予果物同業組合の中核的な存在であった。そうした中で、1916年に中島の大浦地区に出荷組合（あさひ組合）が結成されたのを皮切りに、その後も地区ごとに次々と出荷組合が設立され、阪神市場への共同販売を行っていた。そのため、温泉青果出荷連合会の設立にも参加していたが、第2次統制廃止（1947年7月）直後に分離して独自の活動を展開することになる^(注6)。そして、1947年に17の出荷組合を統括して有利販売に結びつけることを目的に中島園芸組合を設立させるが、各出荷組合の独自性が強く、統一販売には至らずに1949年には解散している。

　他方、中島地区の農協組織は、戦後農協法に基づき1948年に8つの農協が

設立されていたが、信用・購買事業を中心としており、販売業務は17の出荷
組合単位で行われる体制が続けられる。そうした中、1955年には中島青果農
業協同組合連合会が設立され、17出荷組合の柑橘類輸送の一元化と市場出荷
量の調整を実施し、統一販売への取組が本格化したが、出荷先市場や荷受け
会社の指定は各出荷組合の意向が強く反映されていた。とはいえ、この連合
会が中心となり各農協や普及所と協力して統一的な営農指導体制を確立した
ことが、その後の販売銘柄統一につながっているとみられる。

　その後、東中島農協が1960年に青果部門を設置して、管内5つの出荷組合
のマークを統一して販売取扱を開始したことにより、農協による柑橘類販売
の取り組みが実質化する。その後の展開は**図8-1**に示した通りであり、1965
年には7つの総合農協と1つの連合会の合併により町単位（当時）の中島農
協が設立され、マーク統一の動きが本格化する。そして12地区の出荷組合が
統一され、1968年には別のマークに統一されていた地区の柑橘類も1つのマー
クの下に統一化される。その過程で選果施設（共選）が大型化し、2カ所
に集約された^(注7)。1968年には中島青果農協と名称を変更し、総合農協では
あるが愛媛青果連に加盟することとなる^(注8)。

　中島青果農協管内の品種別果樹生産状況は、**表8-3**に示した通りであり、
中予地方の他地区と同様に伊予柑への品種転換が多く見られるが、陸地部で

表8-3　中島青果農協の種類別果樹面積

単位：ha

	1975年	1980年	1985年	1990年
早生温州	157	157	168	153
中生温州			62	88
普通温州	964	675	498	399
宮内伊予柑	66	312	561	776
普通伊予柑	247	243	238	117
ネーブル	32	41	20	4
甘夏柑	9	32	27	4
その他	12	11	16	27
合計	1,487	1,471	1,590	1,568

資料：愛媛青果連50年史

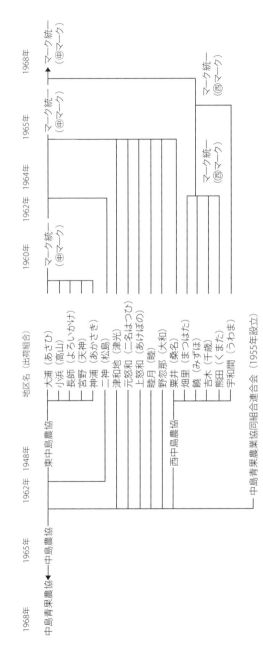

図8-1　中島青果農協への合併とマーク統合の経緯

資料：愛媛青果連50年史

ある温泉青果農協ほどには特化しておらず、温州みかんの生産も一定程度維持されている^(注9)。

3．えひめ中央農協の設立と産地再編への取り組み

（1）えひめ中央農協の設立

　1970年8月に、愛媛県内13農協構想に基づいて、温泉・松山地区内17農協で地区農業基本構想推進委員会を設置して合併の検討が行われた。そして、一挙に合併するのは難しいので段階合併の方向を決定して検討したが、具体的な進展は見られなかった。伊予地区では1970年5月に13農協で合併研究会を設置して研究を進め、1973年2月に5農協の参加で伊予農協が設立されている。また上浮穴地区では、地区内5農協のうち4農協の参加で1973年7月に久万農協が設立されているが、第4章でも確認したように、この時期の農協合併は全体的にはあまり進展しなかった^(注10)。

　その後、1992年10月に改めて13農協構想に基づいて、温泉・松山地区において対象となる12農協の参加で農協合併研究会が発足する。しかし、合併基本計画は了承されたが合併促進協議会に進展することはなかった。伊予地区では1992年3月に6農協の参加で農協合併研究会が発足し、10月には青果専門農協である伊予園芸農協も研究会に加入している。また上浮穴地区では2農協の合併検討が話し合われたが、伊予地区と合わせた合併の方向が提案され、1994年1月に伊予・上浮穴地区農協合併研究会が発足し11月には合併基本構想が了承されている^(注11)。

　このように、当初の合併構想を超えた農協合併の計画が示される一方で、温泉・松山地区では具体的な広域合併構想はまとまらず、温泉青果農協と松山市農協による部分的な吸収合併のみが続いていた。そんな中で、1997年4月に愛媛中央地区農協合併促進協議会が発足することになる。この合併促進協議会には、温泉・松山および伊予・上浮穴地区から12農協（松山市垣生農協、温泉青果農協、北条市農協、中島青果農協、重信町農協、川内町三内農

協、城南農協、伊予中山農協、伊予農協、南伊予農協、小田町農協、伊予園芸農協）が参加しており、10農協構想を基本として当面の段階的合併形態という位置づけで検討が進められた。その後、この合併促進協議会は70回以上の会議が開催される。そこでは、青果専門農協を複数含む広域農協合併であることから、これまでの愛媛県の農協合併とは異なる特徴を有していることを考慮して、組合員組織、販売方法、地域農業振興体制のあり方などを中心課題に検討が行われる。そして、1999年4月に予定通り12農協の参加によりえひめ中央農協が設立されている。他方、水田農業中心の松前町・川内町川上農協・久万農協は、都市と農村の共生による組合員と地域住民のサービス向上を目標に、松山市農協との合併を選択することとなった^(注12)。

（2）農協合併による共販体制の再編

　合併して設立されたえひめ中央農協は、果樹生産地帯としては、大きくは陸地部（青果連加入農協でみると温泉青果農協と伊予園芸農協）と島嶼部（同、中島青果農協）に分けられる。農協合併を契機に販売銘柄のマーク統一も検討されたが、陸地部と島嶼部の相違が大きいことからマーク統一は難しいという結論になり、陸地部のみを新たなマークに統一し、旧中島青果農協管内は従来通りの⊕マークと黄緑色の段ボールを踏襲することとし、別々の販売単位として果樹販売事業はスタートした。とはいえ、その後、広域合併農協の資源の有効活用・効率化を図るため、組織・機構や事業の整備が急務の課題となり、農協組織内に検討チームを設置し、その検討課題として共選の統廃合やマーク統一問題が改めて示される。

　共選の統廃合は光センサー機化への整備と合わせて行われ、従来の地区単位の共選という位置づけから、受け入れる品種や等級別に共選（選果場）を割り当てる形となり、広域合併した農協単位の共選（選果場）となってくる。そのため、生産者からの集荷体制は従来通り庭先選別後に地区ごとの集荷場への持ち寄りであるが、その後の集荷場から共選までの運賃をプール計算することになる。島嶼部に関しては地理的な問題もあり、中島地区を単位とし

て共選を整備し、2000年10月に光センサーを導入している。

　その後、販売に関しては、2002年度から島嶼部も含めて合併農協の新たな
マークに統一することが決められる。その結果、2002年6月からはマークが
ⓔに統一され、中島地区の⊕マークは廃止された。また、黄緑色の段ボール
も茶箱へと統一され、販売分荷権は本所に一元化された。

　このように、合併後3年というタイムラグはあるが、合併を契機として販
売銘柄の統一が図られており、愛媛県内の果樹産地においてえひめ中央農協
は特別なケースといえる。その要因としては、1つには、温泉青果農協にお
いて、みかんの生産拡大期に統一した温マークを、その後の生産縮小期にお
いても分裂させることなく品質重視の販売体制を行うことによって堅持して
きた実績があげられる。2つめとしては共選の位置づけである。第5章えひ
め南農協、第6章東宇和農協（明浜共選）、第7章西宇和農協の果樹産地に
おいては、生産者の代表である共選長を中心として、共選毎の結束力がきわ
めて強固であり、共選毎の独立採算制を重視した運営体制が確立されている
が、えひめ中央農協管内の共選は、品目別の受入も行っており、農協の施設
としての認識が一般化している。3つめとしては、管内の柑橘品種構成が、
温州みかんからの転換品種として伊予柑を中心としているが多様化しており、
柑橘以外の果実の生産も拡大しているため、地区単位で1つの共選にまとめ
るメリットが弱くなってきたことがある。

　しかし、図8-2に見られるように、その後の販売実績は、生産者の高齢化
による生産力の減退や柑橘価格の低迷も要因しているが、マークを統一して、
拡大した販売単位のメリットを発揮した実績にはつながっていない。生産振
興に関しても、近年は、温州みかんと伊予柑をベースとして、紅まどんな（愛
媛果試28号）をえひめ中央農協ブランドのセールスポイントとして推進して
いく方向で方針が明確となっているが、多様な新品種に対して明確な品種更
新の方針を見出せない試行錯誤の時期もみられた[注13]。

　そうした中で、地域の事情を踏まえた生産振興や販売対応もみられつつあ
る。

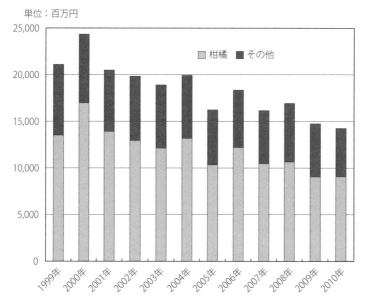

単位：百万円

図8-2　えひめ中央農協における販売事業の推移

資料：えひめ中央農協

（3）差別化販売の展開と生産・販売単位としての産地

　販売マーク統一を行わないことを前提に合併に賛成したともいわれる中島地区の生産者にとって、2002年度からのマーク統一は、これまで自分たちが築いてきた産地が消失するほどの衝撃的問題でもあった。⊕マークと黄緑色の段ボール箱を目印として、大阪市場を中心に販売を展開してきた実績があったのである。2002年度における柑橘販売は、天候の関係から果実の酸抜けが平年より悪く、価格が低迷したが、そのことも中島地区の生産者にとっては不満を大きくする要因となった。そのため、次節で述べるように集団的に農協への販売から離れる動きもみられた。

　こうしたことへの対応ということも要因であるが、2003年度はえひめ中央

表8-4　えひめ中央農協中島地区における柑橘生産動向

	2000年産	2001年産	2002年産	2003年産	2004年産
極早生	3,789	3,811	3,749	3,728	3,710
早生	8,492	8,742	8,794	9,261	9,414
中生	14,617	14,587	14,588	14,558	13,876
普通	17,661	17,085	16,645	16,156	15,493
温州類合計	44,559	44,225	43,776	43,703	42,493
伊予柑合計	96,697	95,588	93,318	90,730	85,442
せとか					256
カラマンダリン	515	534	697	1,178	1,709
まりひめ					1,927
その他中晩柑	4,641	5,255	6,047	7,308	8,635
中晩柑合計	5,156	5,789	6,744	8,486	12,527
合計	146,412	145,602	143,838	142,919	140,462

資料：えひめ中央農協中島営農支援センター
注：中晩柑合計は、伊予柑を除いた値である。

　農協の販売事業の差別化戦略の一環として、中島地区において園地を指定し、そこで生産され等階級基準をクリアした柑橘を「島のたより」と名付けて黄緑色段ボールでの販売を開始した。これは、特殊商材の販売として個選個販品ではあるが、農協の販売事業の範囲である。2004年度には、「島のたより」という名称が商標登録の関係から問題となり、「中島だより」と変更された。「中島」という名称が、特殊商材という限定ではあるが復活し、取扱量も拡大して販売実績を積み上げていくことになる。こうした実績が評価され、2008年度からは共選品のレギュラー品に関しても黄緑色段ボールでの販売を始めている。販売マークはえひめ中央農協の統一ⓔマークではあるが、段ボール色を旧来に戻している点では、地区単位のこだわりを重視した販売戦略ではないかとみられる。

　また、中島地区において陸地部と異なる問題として共選への集荷体制がある。地区単位に集荷場を有し、そこから共選への搬入を行うという点では陸地部と同様であるが、島嶼部は生産地がそれぞれの島に分散していることから集荷場が各島に設置され、そこからの運搬に船舶を使うことも要因して、荷積みなどの労力の関係などから陸地部よりも運賃経費が拡大する。そのことが要因で、集荷場から共選への経費を陸地部と共同計算することが難しく、

栽培面積（単位：a）

2005 年産	2006 年産	2007 年産	2008 年産	2009 年産	2010 年産	2011 年産
3,586	3,548	3,454	3,463	3,283	3,291	3,120
9,196	8,882	8,802	8,559	8,450	8,096	7,773
13,152	12,823	12,327	11,836	11,389	10,710	10,291
14,319	13,641	12,961	11,972	11,519	10,987	10,387
40,253	38,894	37,544	35,830	34,641	33,084	31,571
78,390	74,760	70,969	65,469	60,082	55,894	52,369
545	939	1,397	1,906	2,482	2,928	3,158
2,174	2,639	2,931	3,358	3,806	4,199	4,518
3,912	4,419	4,372	3,861	2,671	1,788	1,473
9,902	10,720	10,926	11,337	11,445	10,650	10,861
16,533	18,717	19,626	20,462	20,404	19,565	20,010
135,176	132,371	128,139	121,761	115,127	108,092	103,596

生産者への販売品の精算を陸地部と共同計算することができないため、別計算での精算を行わざるを得ないのである。そのため、販売先市場の相違などもあり、結果的に精算時の単価差を残存させることにもつながっている。

　生産振興においては、2011年度から始まった第3次農業振興計画において、より地域の実情を踏まえた計画となっており、中島地区は、せとかや紅まどんな（愛媛果試28号）など、えひめ中央農協の販売戦略に即した生産振興も行っているが、島嶼部の気候に適したカラマンダリンの振興を特に推進している（**表8-4**参照）。

　このように、えひめ中央農協は、合併を契機として1つの産地への再編を進めつつも、その中で地区の特質を重要視することにも再び目を向けている。

4．有限会社中島青果における「中島ブランド」再興

（1）有限会社中島青果の設立

　えひめ中央農協としてのマーク統一の過程における中島町の生産者の不満は、マーク統一された2002年度において、個別の出荷を拡大する動きとして表面化した。2002年度の温州みかんは、天候の影響から酸抜け状況が悪く価

格が低迷したことも、こうした行動を助長したとみられる。そうした行動は、温州みかんの出荷後、宮内伊予柑の一部を農協には出荷せずに個人単位で箱詰めして販売するという形に展開する。個別販売ではあるが、地区によっては共同で箱詰め作業を行うところもあり、販売計画が立てられ、週に1～2回、東京と松山の市場に出荷が行われた。箱には⊕マークは使用できないが、中島産であることが明記されていた。こうした販売に参加した生産者は約30名とみられており、ある程度は組織的な動きであったとみられる。

　当初、農協は黙認する態度を示しており、組織的な行動を農協の販売の一部と位置づけるために、農協の選果施設を使用することを認めるかという議論もあったといわれている。しかし農協は、その後、組合員でありながら個人出荷の伊予柑を販売することは全量出荷の専属利用契約に反する^(注14)として厳正な対応を行うこととなる。そのため、2003年春には、農協の部会を脱退して農協には出荷を一切行わないか、部分的であれ個人出荷を行わないかの選択を各農家に迫ることになった。

　その結果、9名が農協の部会を脱退して別組織による販売を行うことを決意し、有限会社中島青果を設立した。9名は、当時50歳前後の中島町では中堅的な生産者（2012年において、65歳、64歳、60歳×2人、59歳×2人、58歳、57歳、52歳）であり、その中には、販売担当や営農指導担当として農協に勤務していた経験のある生産者も含まれていた。生産者の園地は中島本島の南西側（神浦、宮野、熊田、宇和間、饒）にあり、良食味の柑橘生産のためには比較的条件の良いところである。1農家の生産規模は、1～2haであり、平均を若干上回る程度であった。2003年産の出荷に間に合わせるために、商工会から資金を借り入れ、饒地区に土地を借りて集出荷場を建設し、小規模ながらも選果機も備えている。決済は地方銀行である伊予銀行を利用することとした。

（2）有限会社中島青果の生産・販売体制と実績

　限られた人数での運営を行うためには、構成する農家が主体的に役割を担

うことで組織運営を行わなければならない。役員は4名で構成され、販売（2名）、経理（2名）、資材（1名）、輸送（1名）、選果（1名）にそれぞれ責任者を位置づけている。経理に関しては、知人である専門家も担当しているが、その他は構成員によって担われている。役員報酬は1年間で数万円であり、その他、出荷時期等の出役[注15]に対しては1時間当たり1,000円の労賃も支払われているが、基本的に構成員の手弁当で組織運営が行われている。

　生産計画は個々の農家の判断によるが、多様な中晩柑類が導入されつつある中島町内の状況と比較すると相対的に温州みかんと宮内伊予柑を中心とした構成である。その理由としては、新品種に変更するためには更新コストがかかる上に、これまでの新品種の動向をみると、成木化した時の販売単価が見通せず不安が強いためである。また、小規模な組織単位で多様な中晩柑類の中からメインの販売量を揃えるまでには数年が必要であり、新品種に転換するにしても量的には中途半端な単位にしかならないと考えているからである。とはいえ、少量ではあるが、中島地区全体の動向と同様にその他の中晩柑類も増やしている。

　そうした生産状況を組織として把握し、出荷量を見通して販売先と交渉して役員会で出荷販売計画を立てる。各農家は、出荷要項に従って、農家段階で等級（秀、優、無印、赤丸）に分けて集荷場に持ち込み、選果機で階級に分けられる。光センサーは導入されていないため糖酸評価は行っていないが、農家の圃場条件などから等級分けされている。また、4つの等級以外にも需給動向など市場との交渉で出荷が可能であれば精品としての販売を行っており、規格外もジュース用として市場が引き取っている。当初は週3回の集出荷を行っていたが、集出荷経費も考慮して、その後は週2回の集出荷であり、夕方に選果作業を行っている。

　出荷先は主に卸売会社であり、1年目は松山市場のみであったが、2年目以降は、東京、松山、岡山、北陸の市場に出荷し、徐々に東京市場への出荷が増加している。また、北陸の市場とは低等級品を中心として規格外品までを含んだ取り引きを行っている。その年の柑橘類の生育や仕上がり状況につ

いてサンプルなどを示すことで卸売会社と確認し合って等級を柔軟に変更するなど、市場のニーズに応じた細かな対応を行うことにより、ロットでは限界がある中で、小回りの効く販売を実現しており、近年はネット販売も拡大している。

　精算は品目毎等階級別の共同計算であり、伊予柑は出荷時期が長期間になるため2つの時期に分けて計算しているが、他は1期間でプール計算を行っている。1箱ごとの経費をあらかじめ差し引いて品目ごとに支払いを行い、全品目の販売が終わった段階で再集計して剰余金があれば構成員に戻すという精算方法である。取扱実績は、2000年代後半から2010年代前半まではほぼ安定しており、約400t、1億円弱で推移している。温州みかんと伊予柑を中心としているが、近年は、その他の中晩柑類の取扱も増加している。

　有限会社中島青果は、2011年に小規模ながら1戸の参加を得たが、その他は2003年の発足から9戸の構成農家で組織運営が行われてきた。構成員がそれぞれ年齢を重ね、親の労働力は期待できなくなるどころかその介護にまでに時間を必要とする年齢になっている^(注16)。中島町全体で見るとまだ中堅的農家ではあるがその規模拡大は、園地は十分に余っているにもかかわらず^(注17)難しいのが現状である。そういった点でこれからの展望は見出しがたい状況ではあるが、現状では小規模組織ながら農家主体の運営による独自の共同販売組織として機能し、大型の合併農協では対応できない市場の細かなニーズに対応した安定的な販売を行っているとみられる。

５．合併農協による産地再編下の産地ブランドと総合農協としての新たな展開

　戦後、統制販売が撤廃された後の愛媛県の果樹産地は、集出荷・販売の意志が統一された範囲で組織化されている販売組織である出荷組合の単位に販売マークがあり、戦後農協が設立される中でも出荷組合単位のマークは維持されていた。しかし、その後「作れば売れる」時代の中で、出荷組合の取扱量が拡大して統合・合併が行われ、農協単位に販売組織が一本化してくる。

そこでは、販売銘柄もマーク統一として一本化され農協組織の単位が産地となるが、重要な点は、農協が産地運営の主体となるべく生産指導と販売機能を確立していたことである。そのため、その後のみかん過剰期における販売対応として、品質を重視するために等階級区分を厳密化し、組合員への精算を細かくした産地内の対応を行わざるを得ないが、それを農協が生産者の協力を得て実施することができた。その中で統一銘柄マークが小マーク化した産地もあるが農協の主体的機能は維持されていたとみられる。

　これに対して、1990年以降に本格化する系統組織再編による産地再編の圧力は、生産・流通環境を背景とした産地の側からの主体的再編論理とは相対的に異なる農協経営の論理によるものである[注18]。そこでは、少なからず農協の経営論理によって選果施設の統廃合や販売銘柄の統一への取り組みが行われ、生産者の十分な理解を得られないケースにおいては、農協利用から離れる動きともなっている。そして果樹価格の長期低迷傾向と技術革新による小規模流通環境の整備がこうした農協共販離れの動きに拍車をかけてきたと見られる。しかし、やはり産地とは、生産と販売の単位であり、地域の生産者と農協が共同で産地形成に取り組んできた成果であり矜持である。このことは、事例でみた中島地区の近年の取り組みとそれを認めるえひめ中央農協および有限会社中島青果の実践が示唆しているのではないかと考えられる。

　そうした中で、図8-2に示したように減少してきたえひめ中央農協の受託販売取扱高は、2010年代中頃には130億円水準で維持される傾向を示している。これは、柑橘類を中心とした農産物の市場価格が堅調に推移していることが主な要因ではあるが、農協の新たな地域農業支援機能の展開も見逃せない点である。

　その1つは農産物直売所の展開である。えひめ中央農協では、組合員の要望により、2003年度に直売所「太陽（おひさま）市」を開設しているが、売り場面積が狭隘であるために、3億円程度で頭打ちとなり、組合員からの出荷を断る事態になっていた。そこで2012年度にリニューアルして、専有面積を3倍として、合わせて売場の刷新も図ってきた。そこでは、農協の直売所

とはいえ市街地に位置するため、利用者からは市内の一般スーパーと比較される側面もあり、単純に農協の直売所としての特徴を強調するのみではなく、スーパーとの競争上の品揃えも考慮するなどに注力しているが、基本的には組合員による出荷品を中心とした売り場構成ではある。リニューアルした2012年度ですでに10億円を超える売上高を記録しているが、その後も増加して2016年度では18億5千万円にまでなっている。他方、出荷者は、2017年11月で1,000名を超えており、1日平均の出荷者数は約500名である。出荷者の年間売上高は100万円以下が半数以上であるが、200万円以上の売上がある組合員も増加しており、多様な担い手の創出につながっている。

　もう1つは、新規就農者の研修事業を行っていることがあげられる。えひめ中央農協の新規就農支援事業は、果樹園の耕作放棄地対策を発展させたものとして、2014年度から果樹と野菜の研修圃場を設置して新規就農希望者を受け入れている。研修圃場は農協の実験圃場にも位置づけられ、新たな栽培技術の開発に取り組んでもいる。就農希望者は、農協の担当者と話し合って就農希望品目を絞り、果樹班と野菜班に分かれて研修を実施している。研修生は、研修期間に農家への農作業支援も行い、果樹園の耕作放棄地を開墾して苗木を植えて就農に備えるなど、地域農業の振興と管内での就農を強く意識した研修を実施している。研修を終えてこれまでに35人が就農しており、新たな地域農業の担い手形成に大きく寄与している。

　こうした営農経済事業の展開は、多様な担い手の創出として地域農業の活性化に重要な農協機能を果たしていると考えられる。そこでは、青果専門農協としての事業展開をベースとしつつも、地域農業の振興を図るための農協機能として、総合農協による多様な事業展開がポイントであり、信用・共済事業の収益を含んだ総合的な経営バランスにより実践できている取り組みであると考えられる。

注
（注1）太田原高昭「農協の適正規模についての領域論的考察」飯島源次郎『転換

期の協同組合』筑波書房、1991年、参照。

（注２）愛媛県青果農業協同組合連合『愛媛青果連50年史』1998年２月、阿川一実
　　　　編著『果樹農業の発展と青果農協』（財）果樹産業振興桐野基金、1988年、参照。
　　　　を参照。

（注３）麻野尚延『国際化時代のみかん産業と農協』豊予社、1997年、参照。

（注４）出荷組合が統合して大型の選果施設を有する共選農協を設立する時に、地
　　　　域の総合農協とも統合した農協であり、温泉青果農協としては従来の出荷組
　　　　合の統合した共選農協としての位置づけであったが、総合農協としての事業
　　　　構造も有していた。そのため、当時の松山市内の農協合併構想との整合性と
　　　　信用事業を有している農協である点から問題となり、紛争問題の一環となっ
　　　　ている。

（注５）温泉青果農協の性格付けに関しては、専門農協の見地からは「新専門農協」、
　　　　総合農協の見地からは「新総合農協」という位置づけもみられる。詳しくは、
　　　　序章の（注21）および、麻野尚延『みかん産業と農協』農林統計協会、1987年、
　　　　太田原高昭『系統再編と農協改革』農山漁村文化協会、1992年を参照。

（注６）社団法人愛媛県果樹協会『桐野忠兵衛人物史資料集』1978年９月を参照。

（注７）共同計算の単位は共選ごとに行われており、販売先の決定も共選の意志が
　　　　尊重されていた。

（注８）元々は、伊予果物同業組合からのつながりと柑橘生産に特化した農業構造
　　　　であった点に加えて、中島地区には加工事業を行う組織があり、その受け皿
　　　　の必要性からも愛媛青果連への加盟が行われた。詳しくは、社団法人愛媛県
　　　　果樹協会『前掲書』参照。

（注９）愛媛県青果農業協同組合連合『前掲書』1998年２月、を参照。

（注10）愛媛県農協中央会20年史編纂委員会『愛媛県農協中央会20年史』1978年、
　　　　参照。

（注11）愛媛県農協中央会史・第３巻編纂委員会『愛媛県農協中央会史　第３巻』
　　　　1996年３月、参照。

（注12）愛媛県農協中央会史・第４巻編纂委員会『愛媛県農協中央会史　第４巻』
　　　　2006年６月、参照。

（注13）「まりひめ」という品種を生産振興し、改植して栽培面積を拡大したが色
　　　　づきが悪いなどの問題も多く、近年は再改植されている。第３章を参照。

（注14）当時の専属利用契約は、中島町では「全量出荷」、陸地部では「契約した量」
　　　　であった。

（注15）出荷のピーク時期には、構成員以外に３〜４名を臨時雇用することもある。

（注16）その後、２戸の農家がリタイアして８戸になっているとみられる。

（注17）園地価格は、1985年頃には10a当たり400万円であったといわれている。現
　　　　在は、売買がほとんどないため相場は不明であるが、貸借はゼロ円の使用貸
　　　　借がほとんどである。

（注18）系統組織再編そのものが農業生産構造と農産物流通の変化をも背景として

　いるとはいえるが、1980年代後半からの農協合併の展開は、農協の経営問題を主たる要因としていたとみられる。

第9章

青果専門連との合併による共選の再編と
新たな営農経済事業の展開
—越智今治農協を事例として—

1．はじめに—越智今治農協の特徴—

　越智今治農協は、1997年4月に今治市と越智郡の14農協が合併に参加して
設立された。合併に向けた具体化の取り組みは、1992年6月に発足した「越
智・今治地区農協合併研究会」で検討を開始し、1993年には合併促進協議会
に移行して行ってきた。当初は1市10町5村の15農協合併構想であったが、
検討を重ねた結果、今治立花農協を除いた14農協が合併することで決議した
が、2度に渡って合併期日を延期して財務等の調整を行い、1997年4月に合
併して今日までに至っている^(注1)。自治体としては、その後の行政合併によ
り、今治市と上島町からなる。

　また、越智今治農協の管内は島嶼部と北西海岸沿いの陸地部に柑橘生産が
多く、合併前は越智郡園芸協同組合連合会（以下、越智園芸連）が柑橘販売
を統括していたが、越智今治農協が設立された半年後の1997年10月には、越
智園芸連の権利義務は包括承継される手続きを行っている。合併2年目の
1998年には柑橘を中心に果実の販売取扱高が約80億円あり、全体の取扱高も
100億円を上回っていたが、その後は柑橘価格の低迷と生産減退により減少し、
2001年以降は60億円水準で推移している。

　こうした地域農業の構造変化に対応して、農協は直売所「さいさいきて屋」
を開設し、市場出荷が難しい高齢の生産者でも販売できる環境を整え、地場
での販売を促進した。また、農業経営の支援策として、集落営農の推進や農

単位：人

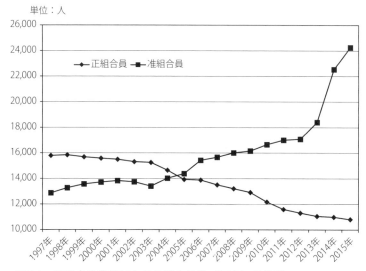

図9-1　越智今治農協における組合員数（個人）の推移
資料：越智今治農協総代会資料

協出資の株式会社農業生産法人「ファーム咲創」を設立して直接的な農作業
支援と後継者育成に取り組んでおり、柑橘作業に関しては、営農支援グルー
プ「心耕隊」の活動で果樹園を維持管理する取り組みを進めている。

　他方、越智今治農協は、高齢化し人口減少する地域社会への対応として、
生活福祉事業を拡充してきた。福祉関連では、1999年に介護事業所としての
認定を受け、2000年から訪問介護事業をスタートし、2002年にデイサービス
センター「元気」を新設している。さらに、2006年には歯科診療所を開設し
ている。生活関連の事業に関しては、合併後、新規に葬祭事業などをスター
トしているが、「経済事業改革」に取り組む中で効率化と独立採算の観点か
ら子会社に業務を移管している。いずれにせよ、こうした地域住民の新たな
ニーズに対応した事業展開を、地域住民を准組合員化して進めてきている。
図9-1は、合併後の組合員数（個人のみ）の動向を示しているが、正組合員
数が減少する一方で准組合員数が増加しており、2005年度末には准組合員数
が正組合員数を上回っている。特に、2000年代後半からの准組合員数の増加

は顕著であり、員外利用規制の徹底化の影響もあるが、越智今治農協の総合的事業展開の成果と見ることができる。今日では准組合員数が正組合員数の２倍以上になっている。

　本章では、越智園芸連を包括承継する形で広域合併した越智今治農協を事例として、主にその合併後の事業展開を振り返る。そして、販売取扱高では果実をメインとしつつも、地域農業と社会の変化に即した農協の組織と事業の再編過程を明らかにし、地域における農協の存在意義を検討する。

２．越智園芸連の事業展開と共選体制

（１）越智園芸連の設立

　管内における柑橘類の生産は、島嶼部において小みかんの古木がみつかっていることから歴史は相当古いとみられるが、温州みかんについては1871年に関前村に導入されたといわれている。その後、明治中頃には栽培が拡大し、1916年に越智郡果実同業組合が設立されたことにより生産指導と販売活動が本格化する。管内の陸地部の温州みかんの特徴として果皮が厚いことがあり、その品質が販売面では不利に働いていたが、同業組合はその特徴を逆手に取り、長距離輸送に有利であると考え、大陸（大連の中央市場）に出荷して成功するなど、独自の展開を行っていた。その後、この同業組合は戦時中の統制経済下に組み込まれ、1942年に解散している。

　戦後は、管内主産地の団体有志が集まって、任意団体として1947年に越智郡園芸農業協同組合連合会を設立し、県外出荷を企図して京浜と阪神方面への出荷を復活させている。1948年には越智郡青果農業協同組合連合会として法人格を有する団体になるが、経済連今治支所の事業内容との競合が問題となり、1951年に越智郡青果農業協同組合連合会は発展的に解散している。とはいえ、果樹農業の発展を独自の立場で計画実施するという点では、その組織体制では制約があるとの考えは存在していた。そのおり、加工事業の展開において施設の拡充が必要となり、1953年に越智園芸連が設立されること

なった。

　このことにより、㊣マークとして柑橘類の規格統一が図られ、1954年には
果汁工場が操業を開始している^(注2)。

（2）柑橘生産拡大期における共選場の統合と共同計算

　戦後、果樹園を復活して生産拡大が徐々に進む中、1960年代になると農業
構造改善事業による集団的園地の造成に加え、畑地の樹園地化、水田の温州
みかん園転換もみられ、管内の温州みかん生産が急速に拡大することになる。
越智園芸連の販売取扱高を数量でみると、1958年〜1963年までは1万t代前
半で停滞的に推移していたが、1964年には2万t、1966年には3万t、1968年
には4万tと急激に増加している。品種としては、1968年まではほぼ100％温
州みかんの取扱であった。

　管内の選果場（共選）は、1964年までは旧出荷組合単位に多数存在し、そ
れぞれにマークを有して出荷組合単位に運営が行われていた。こうした体制
は、これまでみてきた他の農協管内と同様の構造であり、出荷組合はそれぞ
れマーク（小マーク）を有し、独自の販売対応を行ってきた。越智園芸連は、
営農指導員を有して管内全体の技術指導を行って、合わせて出荷組合の販売
調整を行っていたのである。こうした体制は共選の統合的再編過程で変化を
みせることになる。

　1965年に島嶼部の22の共選が統合して越智園芸連第一共選場を広島県三原
市に建設している。この第一共選は、島嶼部から船で直接運搬して集荷する
のにきわめて便利な場所であり、選果後は国鉄糸崎駅からみかん専用列車で
迅速な輸送ができる地理的条件下に位置していた。また、同年に今治駅西側
に共選場を建設し、越智園芸連第二共選として、9共選を統合する形で設立
している。これにより、管内の共選は一気に4共選体制にまで集約が進むこ
とになる。1966年には小西共選を第三共選場、菊間共選を第四共選場と呼称
するようになる。また、こうした共選の統合を通して、共選の管理運営体制
の面で越智園芸連および地域の総合農協の職員が主体的に関わるようになる。

こうした農協直営的な運営体制は、第8章でみた温泉青果農協と同様な体制であり、第5章から第7章でみた愛媛県南予地域の組合員中心による共選運営とはやや異なる体制である。

　当時は温州みかんの販売が全国的に好調な時であり、量が圧倒的な力になっていた。そのため、1967年には陸地部にある第二、第三、第四共選については、小マークも統一し、共同計算による販売を開始している。この時期は第5章でみた宇和青果農協におけるマーク統一と同時期である。しかし、1967年は品質にも問題があり価格が下落した年でもあり、越智園芸連管内でも「うまいみかん作り運動」が進められ、摘果指導とその徹底のための共同摘果班の結成や低温貯蔵庫による生産出荷調整への取り組みも同時に開始している。

（3）差別化商品の展開と共選単位による販売体制

　1972年に越智園芸連の温州みかんの販売取扱量は55,936tとなり、従来の記録を1万t以上も上回る過去最高となるが、同時に価格が全国的に暴落する。

　越智園芸連として行った対策の1つは、商品の差別化戦略であった。1972年にはすでに園地を指定して特選品として販売できるものをサンベニーと名付けて販売取扱を開始しており、1977年には産直的取引としてベニスターの販売も開始している。その後も越冬ネーブルの販売、袋かけ完熟みかんの販売など、**表9-1**にみられるように様々な特選品を開発している。また2つめとして温州みかんから中晩柑類やその他品目への品種転換を強力に進めている。越智園芸連による指導の特徴としては、キウイフルーツへの転換を積極的に進めており、1981年には販売を開始し、1982年には部会を結成している。1980年代前半はキウイフルーツの価格が高単価で推移したため、一気に面積が増加し、低温貯蔵庫などのキウイフルーツ専用の施設整備にも取り組んでいる。

　こうした対応は、越智園芸連として一体的に取り組んでおり、陸地部3共選の共同計算も継続していた。しかし、越智園芸連の経営的な問題もあり、

表9-1　越智園芸連のかんきつ特選品の販売取扱高

単位：t

	温州みかん						中晩柑類					合計
	サンベニー	ベニスター	ポリマルチ	袋かけみかん	サンエース	サンゴールド	越冬ネーブル	越冬八朔	サンベニー八朔	越冬宮内	ベニスター伊予柑	
1972年	675											675
1973年	1,663											1,663
1974年	2,772											2,772
1975年	3,108											3,108
1976年	2,157											2,157
1977年	1,802	974										2,776
1978年	1,708	1,144										2,852
1979年	1,411	1,173										2,584
1980年	882	1,079										1,961
1981年	953	1,053										2,006
1982年	960	1,599	54									2,613
1983年	2,079	1,285	80									3,444
1984年	1,071	760	49				116					1,996
1985年	1,102	1,018	91				51					2,262
1986年	1,346	915	99	15			34					2,409
1987年	588	635	126	14			51					1,414
1988年	175	308	105	20	44		90	38	40			820
1989年	176	471	154	63	77		69	28	75			1,113
1990年	292	589	128	28	75	4	107	61	74	49		1,407
1991年	351	594	171	12	157	81	129	80	98	70		1,743
1992年	373	712	172	40	182	148	84	98	118	89	50	2,066
1993年	53	733	73	8	43	35	91	80	72	54	101	1,343

資料：『越智園芸連史』

1975年頃より営農技術員については越智園芸連から各農協に転籍するケースも多くなり(注3)、品種転換などの生産計画は地域の総合農協ごとに立案される面もみられてきた。さらに長期的に柑橘価格が相対的に低迷する中で、陸地部の生産者の中には3共選での共同計算に不満が見られるようになり、島嶼部では、1985年に大三島町農協が第一共選から離脱して独自の単位での販売を開始している。

　そこで、1988年には宮内伊予柑に関しては3共選による共同計算体制から各共選単位による共同計算に移行し、1991年には第二共選が移転することも

要因して、その他の品目に関しても3共選による共同計算体制は解消している。さらに、1992年からは小マークが復活している。また、第四共選である菊間農協は、独自の差別化商品であるサンエース（サンゴールド）を1988年から生産販売しており、糖度と酸度の基準をクリアした高品質果実としてブランド品展開をしている。

このように、越智園芸連としては、全体的な生産出荷調整を図り、㊥マークは維持しつつも、実質的な生産販売の主導は各共選ごとに独自の展開を強めていくのが1972年以降の動向である。

また、温州みかんからの品種転換は徐々に進み、1980年代になると販売取扱数量でみると温州みかんと中晩柑類が半々になり、1990年代では中晩柑類の方が凌駕している。他方金額で見ると、1980年代にはすでに中晩柑類の方が多くなり、1990年代では3分の2の販売取扱高は中晩柑類である。量、金額ともに中晩柑類が中心の構成となっているのである。

その後、1994年に関前村農協（関前共選）が越智園芸連に加入し、第五共選となっている。関前村は温州みかん中心の柑橘生産地帯であり、「大長みかん」で有名な広島県の大崎下島に隣接する島に位置し、急傾斜地の園地で排水が良く日照量も多いため高品質の柑橘類が生産されていた。しかし、生産量の減少もあり、独自の販売に限界を感じてこの時期に越智園芸連への加入を選択したとみられる。また、1997年4月に14農協の合併により越智今治農協が設立されたが、そこには果実の販売に関しては越智園芸連を脱退していた大三島町農協も合併に参加している。そのため、10月に越智園芸連が越智今治農協に包括承継されてからは、大三島の共選場を第六共選と位置づけている。こうして果樹に関しては合併当初は6共選の体制でスタートしている。なお、加工品の展開は、越智園芸連設立当初から行われており、果汁部門は青果連に統一化していたが、1961年から開始した缶詰部門はピーク時の1975年には約9億円の売上を有していた。しかし、その後は減少傾向となり、越智今治農協へは継承せずに中止している。

３．越智今治農協における販売事業の展開と営農指導体制の再編

（１）販売事業の展開

　図9-2は、農協合併後の販売取扱高の推移を示したものである。前述したように、合併２年目の1998年度は100億円を上回っているが、2001年度以降は60億円水準を維持して推移している。果実は最も販売取扱が大きい品目であり、かつては島嶼部を中心として広範に生産が行われており、図9-2からもわかるように、1998年度は約80億円であった。1998年度における果実の販売高の割合は、温州みかんが47％^{（注4）}、伊予柑が32％であり、八朔も５億円近い販売高であった。しかしその後は、価格の変動と隔年結果による変動を繰り返しつつ減少しており、2007年度からは販売取扱高の半分以下にまで位置づけを低下している。そのため、当初は管内に６カ所あった柑橘の共選は、光センサー対応の施設への変更と合わせて再編統合が行われ、2001年に第一共選と第六共選を統合する形で上浦町に「しまなみ共選場」を建設し、2002年には第二共選と第三共選および第五共選の統合により「くるしま柑橘共同選果場」を新設し、管内は菊間共選（旧第四共選）と合わせて３共選体制になっている。従来は、地域にとっての拠点としての共選であり、利用者による独立採算の運営形態が行われていたが、広域化したことと栽培品目が多様化したため、一部は品目別の受入体制に変更している。また、かつては菊間共選管内のみの差別化商品であったサンエースが他の地区でも園地指定して生産されたものを受け入れるなど、管内を１つの産地とした生産・販売体制に移行しつつある。

　販売面での合併後の農協の取り組みは、新規作目の導入と差別化した販売戦略である。菊間共選において糖度酸度の規準をクリアした「サンエース」の取扱の強化と前述したように管内全体への波及を進め、小売店との結びつきを強化した取り組みとしてPB化した「和美（なごみ）」などの新たな差別化商品の開発も進めている。また、全農えひめの商標登録品であり高価格が

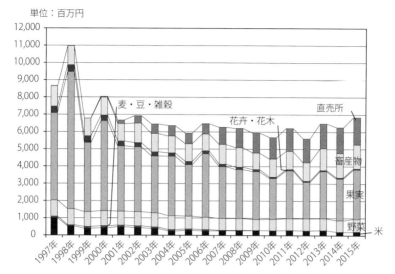

単位：百万円

図9-2　越智今治農協における販売取扱高の推移

資料：越智今治農協総代会資料
注：2013年度の米には買取分241百万円を含む。

継続している「紅まどんな」、越智今治農協のオリジナルブランドとして商標登録した「瀬戸の晴れ姫」などの生産振興と販売に取り組んでいる。その後、2000年代後半以降の柑橘価格は比較的堅調に推移していることもあり、**図9-2**からも読み取れるように、減少しているとはいえ、一定程度の取扱高を維持している。

　その他、品目別にみると、畜産物を除いて販売取扱高は減少しているが、米に関しては買取販売にも取り組んでいる。直売所の販売取扱高としてカウントしている金額は、直売所における生鮮品販売のうち鮮魚と精肉を除いた金額と推測されるが、2013年度の実績では、野菜類が約5億円、果実類が3億円であり、野菜に関しては、従来の市場出荷をメインとした共同販売の減少分を補って余りある効果を示しているとみられる。この直売所に関しては後述する。

（2）営農指導体制の再編

　営農指導員数は1997年度には52名体制であったが、2015年度では26名にまで減少しており、後に見るように農協の経営動向と連動性がみられる。現在の営農指導員のうち約半数はTAC指導員として位置づけており、2011年度から導入した体制であり、組合員への出向く指導を重点化している。

　当初営農指導員は、柑橘担当を除いて、旧農協単位に配置され、旧農協管内を担当する体制であった。その後、営農センター化を進める中で、専門的作目指導と日常的購買指導を分ける方向で再編が進められてきた。現在の営農指導員は、管内に7カ所ある営農生活センターに配置されている。このうち陸地部にある6カ所は購買店舗のJAグリーンを併設しており、組織的専門指導と購買指導を行っている。島嶼部にある「しまなみ統括営農生活センター」のもとには、営農課と6カ所のJAグリーンがあり、センター直属による専門指導と地域別の担当と指導購買が行われている。その他に島嶼部ではJAグリーン関前もあり、指導購買が行われている。機能的には集約しているが、指導購買の単位まで含めると、合併前の旧農協の体制がほぼ維持されている。

　営農関連の事業としては、これら営農指導員を中心に、生産部会を通した品目別の技術指導とTAC指導員を中心とした組合員からの御用聞きと新たな事業提案である。しかし、高齢化が著しく進展し、後継者不足により担い手が減少する管内の農業生産を維持するために、集落営農化の推進と農協による直接的な農作業支援を強化する方向にある。この点に関しては後述する。

4．直売所「さいさいきて屋」の開設と事業の拡大

（1）さいさいきて屋の設立と店舗拡大

　さいさいきて屋は、高齢化が進み農協の販売取扱高が減少していく現状から、高齢者でも農産物が販売できる仕組み作りとして考え出されたものであ

表9-2　「さいさいきて屋」のあゆみ

2000年11月	さいさいきて屋1号店オープン
2002年4月	さいさいきて屋富田店オープン
2004年10月	経営管理委員会に大規模直売所建設、多目的プロジェクト提案
2007年4月 　　　5月	さいさいきて屋本店（現在の大規模店）オープン、彩菜農園・就農支援農園開園 食堂オープン
2009年4月	農産物加工処理施設が稼働
2011年	日本農業大賞（食の架け橋賞大賞）受賞
2012年4月	乾燥パウダー製造施設、残留農薬分析機導入、全地区集荷開始
2013年4月	彩菜ネットスーパーオープン
2016年4月	彩菜サイコーをイオンモール今治店内にオープン 彩咲朝倉を下朝倉支店にオープン

資料：西坂文秀「直売所による地域農業振興の拠点づくりをめざして―地域との共生を考えた販売戦略―」（第34回日本協同組合学会地域シンポジウム資料）、越智今治農協資料

り、1,500万円の農協自己資金で遊休施設を改装して店舗を開設し2000年11月から事業を開始している。その後の展開は、図9-2で示したように、農協の販売が全体として停滞している中で、直売所の位置づけは高まってきている。

　表9-2は開設後のさいさいきて屋の活動経緯について示したものである。2000年11月に30坪の店舗でスタートするが、当初の担当者は店長と3名のパート職員であり、会員登録した出荷農家は94名であった。3年間で1億円の売り上げを目標としたが、初年度2億円、2年目3億円の売り上げがあり、店舗を拡大するために2002年にはAコープ跡地に店舗を移したが、5年で8億円の売り上げになり会員農家も数百名に増加した。売り上げが好調であるために、農家の生産出荷意欲は拡大していたが、店舗の許容力から農家に出荷制限や入会を断るなど問題が生じてきた。そこで直売所の大幅拡大提案を行って、2007年からは現在の店舗である562坪（1,855m^2）の大型店で事業を行っている。

（2）さいさいきて屋における多様な事業展開

　農産物直売事業は、さいさいきて屋の出荷組織である「彩菜倶楽部」に加入した組合員により、事業取り決めに従った運営が行われている。組合員は、

朝、指定のコンテナで搬入し、バーコード（1円8銭／1枚）を貼って平台に自ら陳列して、売れ残りがある場合は夕方に搬出するというオーソドックスなスタイルである。また、漁連の協力を得て鮮魚の販売も行っており、精肉の取扱もある。これは品揃えの充実を図るためであり、大型量販店との競争を意識した店舗づくりではあるが、生鮮品は今治産を基本とし、米も農協から買い入れて精米しており、他の業態には真似できない仕組み、すなわち地元産を前面に打ち出した運営を行ってきている。食堂（彩菜食堂）やカフェ（SAISAICAFE）も開設しているが、コンセプトは直売所で販売されているものを材料として使用することである。ここでも今治産にこだわった運営による差別化が図られ、直売所に出荷された農産物を利用することで、売れ残りを極力少なくすることにもつながっている。食堂は地域住民を中心としたリピーターが確保されており、カフェは農協女性部の声を取り入れることで女性の集客とイメージアップにつなげている。

　また、食育の一環として今治市への学校給食への食材提供を積極的に行っている。給食食材として周年使用されるタマネギ、ジャガイモ、にんじん、キャベツは生産者と直接契約を結んでおり、大型冷蔵庫で貯蔵し安定した出荷を行っている。農協が食材を提供することでの特徴として、旬の野菜をメニューに取り入れるよう積極的に要望していることがあげられる。このことは、今治市側としても安定的な食材調達と安い給食費につながることから提案を受け入れ、実際に愛媛県で最も安い給食費を実現している。安い給食費とはいっても、これらの学校給食への販売は8,000万円弱であり、決して小さな位置づけではない。その他にも小学生を対象にした学童農園も開設し、農業体験を通して農業の大切さ、郷土文化を学ぶ食農教育を実施し、収穫物の加工・販売までを体験し、農産物の生産のみではなく販売することの難しさを学ぶ機会を提供している。

　さらに、2013年にインターネット店舗「彩菜ネット店」を開設している。これは、買い物弱者対策でもあり、タブレット端末を使用して、約1,000品目の中から注文を受け付け、翌日には自宅に配達するシステムである。この

タブレットには買い物をしなくても画面をタッチすることで信号が送られる仕組みもあり、単身高齢者などに農産物や畜産・水産物および加工品を届けるのみでなく、安否の確認にも寄与している。

（3）さいさいきて屋による地域農業支援機能

　直売所の事業展開が地域農業の支援機能そのものでもあるが、さらに注目すべき取り組みもみられる。

　1つは、併設する農園における生産者育成の取組である。農園には学童農園のみではなく体験型の市民農園も開設されており、そこでは大きく2つに使用目的が位置づけられている。「初級農園」は消費者に農業への理解や親しみを持ってもらうものであり、一般的な市民農園と同様の性格のものである。他方、「中級・上級農園」は、組合員をさいさいきて屋への出荷者に育成する目的で開設されており、自宅に農地はあるがこれまで農業生産にはあまり従事したことがなかった組合員が農園を借りて技術を学んでいる。主に定年退職を前にして自宅で農業生産を始めようかと考えた組合員が参加している。また、「新技術・新品種実証農園」もあり、①新品種の生産技術の実証、②消費者への安全性のPR、③営農指導員の技術向上を目的とし、主に柑橘や果物の栽培を中心に生産が行われている。2011年からはそこで綿花の栽培にも取り組んでおり、地場産業である「今治タオル」を強く意識した取り組みとして、地元産の綿によるタオルなどの綿製品の製造・販売を進めている。

　2つめとしては、高齢化して直売所への出荷作業が難しくなった組合員へのサポートとして、集荷作業を行っている点である。これは、直売所から離れた島嶼部の組合員の出荷要望に応えるため、2011年から行われている。島嶼部からの出荷を組合員が行うことは、高齢化による要因もあるが、橋の通行料金が高く、時間的にもハンディーとなっていたのである。そこで、島嶼部の地区の集荷場に持ち込めば、農協職員が集荷して出勤する時に運搬してさいさいきて屋に出荷するシステムを整備している。これによりリタイアを考えかけた農家が再び生産意欲を高めることに寄与しており、要望に応えて

2012年からは陸地部の高齢農家への対応として、同様な集配支援を実施している^(注5)。

5．直接的農業経営の展開と労働力支援事業

（1）農業生産法人株式会社ファーム咲創の事業展開

　管内農業を取り巻く環境が厳しいのは言うまでもないが、農協が2011年に行ったアンケート（新ふるさと総合支援事業農業意向アンケート）結果においては、「後継者が農業に従事または時々手伝う」と回答した割合は33％であり、51％の農家が「後継者はいない」と回答している。そして40％の農家が「5年後には農業を辞めるか他の農家または法人に任せたい」という意向を有していることが明らかになった。そこで、現状の農業を守りながら新しい担い手の確保を図ることが必要であり、農家の農作業支援と組み合わせて担い手育成のための仕組み作りに取り組まれることになる。つまり、柑橘類のブランド戦略、TAC要員による出向く指導、さいさいきて屋の圃場による主に定年後の農業就業支援等に加えて、より直接的な農作業支援が特に急務の課題として認識されてきた。

　そこで、2011年度に農協出資法人形態による農作業支援事業に関する研修会や勉強会を重ね、2012年7月に越智今治農協が出資金4000万円のうち99％出資する農業生産法人株式会社「ファーム咲創」（以下、ファーム咲創）を設立した。2018年3月31日段階の要員体制は、パート・アルバイトを含んで21名である。

　ファーム咲創の事業内容は、1つは人材育成であり、農協管内に長期間（20年から30年）定着し、農業経営を開始する人材（新規就農者）を育成するために、毎年数名を法人が雇用して農業技術・ノウハウを習得させ、2年後には独立自営就農を図ることを目標としている。そのために「農の雇用事業」や「青年就農給付金（準備型）（現農業次世代人材投資資金）」を積極的に活用することにした。2012年度は1名であったが、2013年度は4名を採用し、

表 9-3　農業生産法人株式会社「ファーム咲創」の事業実績

単位：千円

	2013 年度	2014 年度	2015 年度	2016 年度	2017 年度
米麦	6,791	7,804	9,873	7,198	9,497
サトイモ	3,162	7,695	17,101	22,119	17,887
イチゴ	－	－	832	5,373	5,874
野菜その他	7,016	8,486	11,086	11,096	11,211
育苗	－	72,482	83,846	84,970	82,861
作業委託	872	1,794	2,309	3,044	4,555
その他	46	2,927	3,242	3,171	4,787
合計（収入）	17,887	101,189	128,291	136,975	136,675

資料：越智今治農協資料
注：1）「－」は資料なし、空欄は当該年度の事業なし。
　　2）各項目は四捨五入の数値であり合計とは必ずしも一致しない。

2014年度と2015年度も２名ずつ採用している。２つは、労働力支援事業であ
り、地域農業者の多様なニーズに対応した一時的な農作業受託を実施してい
る。この場合の受託料金は全ての作業において地域農業者よりも高い金額に
設定している。現状で行われている農家間の作業受託と競合しないためであ
るが、条件の悪い農地が必要以上に多く委託されることを避ける目的もある
とみられる。農地保全管理を目的とした除草・耕耘・収穫作業を中心に、
2013年度は39件の作業受託を行っている。３つは農業経営事業であり、農地
利用集積円滑化事業にて委託された農地や担い手不在地域の農地有効活用対
策として、①利益確保型作物：きゅうり、アスパラ、キウイフルーツ、②農
地保全型作物：水稲、裸麦、③労働力調整作物：里芋（伊予美人）、③その他：
キャベツ、ブロッコリー、白菜、春菊、の４つに区分して栽培に取り組んで
いる。2016年３月では、約30haの経営面積を有しており、水稲18ha、裸麦
13ha、里芋3.8ha、アスパラ10a、秋冬野菜２haの栽培を行っており、市場出
荷や直売で販売している。ファーム咲創の農産物の売り上げ等の事業実績は
表9-3に示した通りであり、設立して間もないことから経営的には厳しい決
算が続いていたが、2014年度からは農協の育苗事業を引き受けることで一定
の改善が図られている。

（2）農作業支援グループ「心耕隊」の活動

　また、果樹については、産地維持・発展のために農作業支援を行う農作業支援グループ「心耕隊」（以下、心耕隊）を設立し、2013年度から事業を実施している。対象農家は、規模拡大する農家、高齢農家、系統販売農家、「地域営農ビジョン」により地域・個人の農業将来像が描けている地域の農家である。農家は、図9-3に示したように、各営農生活センターやJAグリーンに申し込むか、事業推進しているTAC指導員に作業依頼して、農協が作業員と日程調整を行って作業を行うシステムである。料金は比較的低料金であり、事業的には農協の財政的支援で成り立っているのが現状である。2015年度の実績は受託件数499件、約1,800万円であり、毎年確実に実績は増加している。委託する農家は作業内容に満足しており、委託ニーズはきわめて強いのが現状である。これに対して10名の職員（7名：正職員、2名：パート職員、1名：派遣職員）で対応しているため、予定調整が難しいほど作業員の稼働が続いている。

　独立の採算という点では、3,000万円ほどの持ち出しになっているが、営

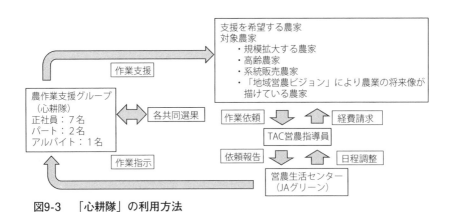

図9-3　「心耕隊」の利用方法

資料：越智今治農協資料

農部門のサービスとして位置づけており、組合員に剰余を配当しているという考えで実施している。

6．生活および福祉・医療（歯科）事業の展開

（1）生活関連事業の再編

　生活物資の取扱実績を示したのが**図9-4**である。合併1年目に100億円を超えていた供給高が減少しているが、別会社である株式会社ジェイエイ越智今治に徐々に事業を移してきたことが主な要因である。事業譲渡は、経済事業改革の一環として、独立採算と他業態との競争強化のもとに進められ、2003年度に葬祭事業を、2005年度からはAコープ店舗事業を順次進めてきた。農協本体の供給高と合計すると、事業量はほぼ維持されているとみられ、地域住民のニーズに応えた事業展開を進めていることが垣間見られる。

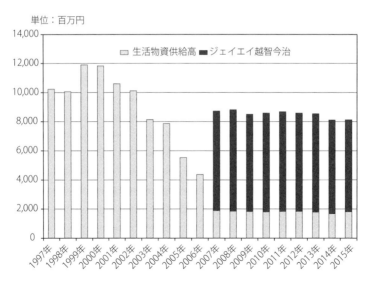

図9-4　越智今治農協における生活物資供給高の推移

資料：越智今治農協総代会資料
注：1999年度から2002年度までは農業生産資材用の燃料も含まれている。

（２）福祉・医療（歯科）事業の展開

　福祉・医療（歯科）事業は、農協合併後に新たに取り組まれた事業であり、高齢化する地域住民のニーズに応えて事業を拡大してきている。

　福祉事業は、1998年度に生活福祉課が設置されたことに始まる。ヘルパー養成（２級・３級）をして1999年度には女性部の活動として、地域に助け合い組織「太陽の会」が結成されている。そして、介護事業所としての認定を受け、2000年４月から訪問介護事業を開始している。しかし、高齢化した農村部においては、自らの家族・親戚等の介護に追われることとなり、通所介護の必要性が強まってきた。そこで、2002年11月に「デイサービスセンター元気」を開設して本格的な高齢者福祉事業に取り組むこととなる。その後、デイサービスは、2003年11月に「デイサービス元気伯方」を開設して島嶼部でのサービスも充実させ、2004年12月に「デイサービス元気桜井」、2008年10月に「デイサービス元気玉川」も開設され、2017年度現在は４カ所で事業を行っている。

　また、医療保険事業は、2006年１月に農協としては全国で４番目、四国初となる歯科診療所を開設してスタートする。これは高齢者福祉事業の更なる充実を図ることを目的としているが、口腔ケアを行うことにより高齢者が自分の口で食べ続け、生活の質を落とさないことにも寄与することが期待された。開設した診療所では、午前中に店での外来診療を行い、午後は訪問歯科診療を行ってきたが、陸地部のみであった。そこで、2013年８月には伯方歯科診療所が開設され、現在では管内全域をカバーしている。主に高齢者である利用者からの評判も高く、利用者数も堅調に推移している^(注6)。

７．地域農業と地域社会の変化に即応した農協事業の展開

　越智園芸連を包括承継した形で統合した越智今治農協における果樹部門の事業展開は、営農経済部門の再編における中心的な課題であった。それは、

販売取扱高の中での果樹部門が相対的に減少しているとはいえ最もボリュームの大きい分野であるためである。そこでは、共選を統合しつつ^(注7)、差別化商品の取り扱いを積極的に進めると同時にその商品を農協管内全体の中で位置づける方向で展開してきた。新しい合併農協の単位としての産地づくりに取り組んでいると見られ、越智園芸連では１つの農協ではなかったためにできなかった１つの産地づくり体制が整ったとも見られる。そのことが営農経済センターの集約化と営農経済体制の整備とも連動している。

　また、越智今治農協の合併後の事業展開は、地域農業と社会の変化に即した対応も進めており、直売所の開設が小規模、高齢農家の生産意欲を維持することにつながっていた。また、直接的な農家支援事業の展開がみられ、ファーム咲創による農作業受託と直接的な農業経営の展開と心耕隊の取り組みが行われている。心耕隊の取り組みは、果樹農業の振興に大きく関わっており、果樹産地の維持に貢献していると見られる。

　さらに、生活面では福祉事業の展開も積極的に進め、通所介護と歯科診療の充実がみられた。これらの事業は農家や住民にも受け入れられており、事業利用の拡大と合わせて、准組合員の増加となって現れている。

　事業総利益の部門別の寄与は**図9-5**から確認できる。別会社化などにより購買事業の事業総利益は大きく減少しているが、販売事業のそれは維持されており、むしろ近年は増加傾向を示している。これは、直売所での販売が手数料の収入という点で事業総利益に大きく貢献しているためであり、地域農業の変化に即した事業展開が経営面でも重要な役割を果たしていることを示唆しており、福祉や歯科診療事業も一定程度を占めている。とはいえ、事業総利益のボリュームとしては信用と共済事業が中心であり、そこが縮小していることから、事業管理費をコントロールして事業利益を確保している構図は全国的動向と同様である。そうした中で、営農指導員が大幅に減少しており、そのことは農協の経営動向とも関連がある。

　また、自己資金としての組合員資本は維持されているが、出資金が減少傾向にあり、特に正組合員のそれが大幅に減少している。こうした点からも准

単位：百万円　　　　　　　　　　　　　　　　　　　　　　　単位：百万円

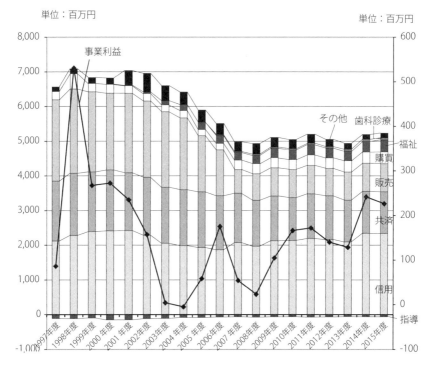

図9-5　越智今治農協における部門別事業総利益の推移

資料：越智今治農協総代会資料

組合員化による自己資金の充実が必要である。そのため、地域農業と社会を
励ますと同時に住みやすい地域をつくるという、これまでの越智今治農協の
事業展開が、農協経営という視点から見てもきわめて有効であったことを物
語っている。越智今治農協における事業展開は、かつての青果専門農協連で
ある越智園芸連の事業を取り込み、販売事業の積極的な展開を行いつつ、地
域社会への対応を強める展開を新たに行っているという点が注目される。そ
れは、営農経済面と生活面の事業のあり方という点のみではなく農協経営の
点においても総合農協としての存立意義を考えさせる様々な示唆に富んだ取
り組みとみられる[注8]。

196

注

（注１）愛媛県農協中央会史・第３巻編纂委員会『愛媛県農協中央会史　第３巻』
　　　　1996年３月、愛媛県農協中央会史・第４巻編纂委員会『愛媛県農協中央会史
　　　　第４巻』2006年６月、参照。
（注２）越智郡園芸農業協同組合連合会『越智園芸連史』1995年10月、参照。
（注３）職員によっては自治体に転籍するケースもあったようである。
（注４）1998年度産は温州みかんの価格が高単価であったため、温州みかんの割合
　　　　が47％と比較的高いが、平年では40％以下であり、中晩柑類が主流になって
　　　　いる構造は農協合併後も変わらない。
（注５）この点に関しては、板橋衛「地域社会におけるライフラインの保持と農協
　　　　機能」『農業と経済』第78巻第８号、2012年８月、参照。
（注６）越智今治農協における福祉事業と女性部活動に関しては、板橋衛「直売所
　　　　を中心とした地域活動と女性部活動―愛媛県越智今治農協―」北海道地域農
　　　　業研究所『西日本先進地における農協生活関連事業の多面的展開』2015年３
　　　　月を参照。
（注７）その後、選果場は2017年度に再統合され、２カ所にまで集約化している。
（注８）越智今治農協の事業展開に関しては、村上浩一「一歩先を行くJAの戦略
　　　　JAおちいまばりの取り組み」『農業協同組合経営実務』第70巻第５号、2015年
　　　　５月、渡部浩忠「強い志が地域を元気にする」JC総研レポートVol.38、2016年
　　　　夏、柳在相『JA自己改革への挑戦　イノベーションの戦略的マネジメント』
　　　　全国協同出版、2017年、も参照のこと。

終章

果樹産地の再編構図と農協による地域農業振興機能

　以上、第2編では、愛媛県内の果樹産地における農協を事例として、専門農協と総合農協が合併する形で産地再編に取り組み、その過程で農協の経営資源の再配分を行ってきた各産地・農協の諸形態の実態を分析してきた。第1編で検討した今日の農協「改革」の構図として描かれる営農経済事業中心の専門農協化の方向性とは異なる産地再編の方向である。そこからは営農経済事業における専門農協的機能を取り込んだ総合農協が、新たな合併農協として地域農業と地域社会の変化に対応した取り組みを実践している実態が浮かび上がっているとみられる。

　ここでは、果樹産地の構造変化を、共選の機能と青果専門農協の役割に注目して改めて振り返り、今日的な果樹産地再編の構図を考察する。また、愛媛県において、青果専門農協と総合農協の合併経過と合併によって成立した新たな総合農協の事業経営構造を改めて整理して、その特徴を検討する。そして、地域農業における農協の役割を総合農協の存在意義として明らかにすることを通して、農協「改革」の構図に示される専門農協化の方向に対して実証的かつ批判的に応えると同時に、地域農業と地域社会における農協機能を確認する。

1．果樹産地の再編構図—愛媛県内の果樹産地の分析から—

（1）出荷組織を基礎とした産地体制

　当初の果実販売の主体は商業者によるものであった。生産者が果実を販売する方法としては、果樹園の立木のまま販売して収穫を商人等買い手側に委

ねる「山売り」と、生産者が収穫した果実を庭先で販売する「庭売り」であり、商業者側が買い取る形で集荷を行っていた形態が一般的である。そうした中でも産地の商業者（産地商人）は、常に有利な販路開拓に取り組んでおり、果樹産地形成初期における一定の役割を果たしていたと言われている。

　しかし、1900年頃になると、果樹生産の増加に伴って、商業者による集出荷販売への取り組みはさらに積極的になっていくが、同時にそうした商業者に依存した商品化を行ってきた生産者の中からも、自ら出荷販売することに強い関心を示すようになってくる。そうした中で、農業の指導普及活動を行う機関として設立された農会が、果樹の生産指導のみではなく流通面でも出荷・荷造りの指導や販売斡旋を行うようになる^(注1)。そして、果樹の出荷組合の結成を奨励指導し、愛媛県においては果物同業組合の設立に大いに関わることとなった。

　愛媛県における果物同業組合の設立は、第5章から第9章の中でも述べているように、1913年の伊予果物同業組合の設立を嚆矢とし、1914年に宇和柑橘同業組合、1916年には西宇和果物同業組合と越智果物同業組合が設立される。同業組合の構成員は、伊予果物同業組合と越智果物同業組合は生産者のみであり、宇和柑橘同業組合と西宇和果物同業組合は商業者と生産者による。また、同業組合が行っていた活動状況も様々であるが、主に①果実の検査、②生産指導、③販売斡旋事業を行っており、検査確認時に発行する証書や証紙代等を徴収することで運営費を賄ってきた。

　他方、大都市に中央卸売市場が開設され、市場の取引が大規模・規格化されるに伴って、生産段階でそれに対応した出荷販売単位として、一定量をまとめた共同出荷の必要性が高まり、地域単位の出荷組合の設置が奨励される。同業組合は、この出荷組合を下部組織と位置づけるが、出荷組合では独自のマークを有するようになり、市場での1つの販売単位にもなってくる。この出荷組合は共同選果組合（共選）とも呼ばれるものであり、果実販売の基礎単位として形成された1つの産地とみることができる。

　その後、同業組合は、戦時下統制経済の中で統廃合され、最終的には農業

会に収斂されることとなる。出荷組合もその下部組織として組み込まれることになるが、任意組合であったため強制的に統廃合されることはなく、実質的な集出荷の組織単位として機能し続けた。そこでは、統制経済下であったために出荷組合独自の販売の自由はないものの、商業者が販売に関係することはなく、生産者を中心とした集出荷の運営が行われ、その独自性と主体性が強まったとみることができる。

　戦後、統制経済が解除され（再統制廃止：1947年10月）、農協法が公布された後に農協設立が進むことになるが、愛媛県の果樹産地においては、戦前から果実販売の中心であった同業組合の系譜を有する青果専門農協が設立される。しかし、果実の集出荷販売を実質的に担っていた組織として出荷組合が存在していた。その出荷組合は戦時中の統制経済下でも継続して集出荷業務を担っていた組織であり、戦後に引き継がれていたのである。その出荷組合に関わる生産者にとっては、すでに自分たちの組織としての愛着があり、独自のマークをもった販売単位として歴史的に築いてきた銘柄としての強い思い入れも有していた。そのため、設立された青果専門農協は、出荷組合が中心となって行う集出荷販売活動の連絡調整を図る機関として機能することを期待されての設立であり、販売の主体ではなく、出荷組合の販売斡旋調整事業を行う連合会的な機能を果たすこととなる。

　こうしたことから、青果専門農協が設立され事業拡大されることになるが、産地の単位は出荷組合すなわち共選であった。ただ、宇和青果農協に関しては、1952年に内部体制を改革し、出荷組合（共選）によるマークを継続させつつも、農協による一元的な販売体制を構築する取り組みを強化しているのは第5章でみた通りである。

（2）果実需給構造の変化に対応した産地再編

　1950年代になると、温州みかんを中心とした柑橘類の生産拡大を主として、愛媛県の果樹生産は増加してくる。それに対して、集出荷選果施設を拡張させる形で、敷地、選果機の整備が進められる。そこでは、主に集落単位に設

立されていた従来の出荷組合を統廃合し、新たな出荷単位として集出荷選果体制を整備することが必要であり、販売銘柄も新たなマークに変更されることになる。

　そうなると、よりロットの大きな果樹生産物の集出荷選別・販売に対応した共選を所有・運営し、単なる出荷先からの要望への対応や配送業務などではなく、交渉を伴った販売業務が求められ、それらの専門的な業務を担当する職員の確保が必要となる。それは、これまでの任意組合としての出荷組合の組織運営の範疇による対応を超えた事業展開が必要になることでもあり、法人体（農協）としての体制整備が図られなければならなくなる。

　そこで、それまで連合会的に出荷組合の販売調整・斡旋を主としていた青果専門農協が、主導的に管内の出荷組合（共選）の再編に関わることとなる。その展開は、各青果専門農協によって異なり、農協主導で直営的に共選を整備して出荷組合（共選）を統合していった青果専門農協としては、宇和青果農協、伊予園芸農協、温泉青果農協、越智郡園芸農協連合会（越智園芸連）がある。また、地域の総合農協が青果専門農協の支部となり共選体制を整備して全体として共同販売に参加するケースとして西宇和青果農協、果樹地帯の総合農協と共選が一体となって統合機能をもつ農協として展開する中島青果農協があった。

　こうした産地段階の再編は、産地における生産拡大と同時に青果物流通市場における流通単位の大量・規格化に対応したものでもある。おりからの温州みかんの需要拡大も要因となり、共選体制を農協主導で整備していった青果専門農協においては、農協単位による販売銘柄の統一化が図られ、共同計算としての販売単位も一本化されてくる。しかし、1968年産温州みかんの価格暴落を経て、価格形成過程における品質による価格差が明確となり、愛媛県内では「うまいミカン作り運動」として品質向上対策に強力に取り組むこととなる。そこでは、生産者への価格評価の厳密化を進め、共同計算の単位の再編も検討される。ただ、次年産から価格が一定程度持ち直したため、統一マークによる体制は各産地で維持される。それが、全国的に350万t以上の

温州みかんの生産量となった1972年に生じた再びの価格暴落を受け、生産・流通・加工にわたる本格的な需給調整対策が課題となり、それに対応した産地再編への取り組みが展開する。

　市場における圧倒的な過剰状態が、より品質を重視した生産と出荷体制への変換を促し、産地はそれに対応した品質管理の強化による産地体制への再編が必要になる。温州みかんの需要構造は、過剰基調のもとで多様化と高級化が進んでおり、それに整合した品質を揃えることが課題となり、集出荷選別段階における厳選体制での対応が必要になった。具体的には、産地・園地区分の明確化と等階級別の厳選出荷、その販売価格差を生産者への精算価格に反映させるシステムの構築である(注2)。

　その産地再編への対応は様々である。宇和青果農協は、農協として統一されたマークと共選体制を、全体としてのマークは維持しつつも共選単位の小マーク（共同計算）と共同販売に分割しており、越智園芸連も同様な方向をみせる。また、西宇和青果農協は従来から地域すなわち共選単位の体制を維持している。他方、温泉青果農協は統一マークを維持しつつ、出荷等階級区分を厳密化し、それを遵守するために庭先選別の強化と共選における検査の徹底を計り、生産者への精算方法の明確化を進めている。その他に、特選品の開発・販売を通して差別化展開を強化する動きもみられ、同時に、生産調整政策を受け入れ、各産地で品種更新が大々的に行われることになる(注3)。

　こうした産地再編過程において、その主体的役割を果たしたのは、共選との協力を基礎とした青果専門農協および地域の総合農協であり、営農指導面から販売対応面までの機能をフルに動員して進められた。需要の減少に対応した生産抑制が図られたため出荷量は減少するが、農協以外への販売が特に拡大したわけではなく、**表終-1**にみられるように、農協への出荷割合は高い値を維持している。つまり、銘柄（マーク）統一期に共選（出荷組合）と一体化した農協は、需給調整への取り組みを生産者の協力により主体的に実施することを通して、農協機能をより強化し実質化させたとみることができる。これは、この時期に共販の危機として農協利用から離反する組合員が急増し

表終-1　愛媛県における生産者のみかん出荷先の変化

単位：％、100t

	1971 年	1974 年	1977 年	1980 年
総合農協	35.7	19.9	12.0	25.6
専門農協	50.3	69.5	71.7	62.9
任意団体	1.1	0.5	1.9	1.3
集出荷業者	11.5	8.6	10.8	7.8
産地集荷市場	0.0	0.0	0.0	0.0
個人出荷	1.5	1.5	3.7	2.4
合計（100t）	3,131	5,437	4,309	4,940

資料：青果物出荷機構調査報告

た九州等の新興温州みかん産地 (注4) とは対照的な動きとみられる。

　この時期の果樹産地の産地単位としての主体は、共選および青果専門農協の双方であるが、農協が需給調整の主体となることで、管内の共選に対しての指導調整機能を担っていたとみることができる。

（3）産地再編の今日的構図と産地の矜持

　温州みかんの過剰問題を契機とした果樹産地の再編対策は、政策的な支援を受けつつも、産地側による主体的な需給調整への取り組みとして品質重視の生産振興策として展開されることになる。しかし、消費構造の多様化もあり、減産してもなお生産過剰の状態が引き続くことになる。さらに、オレンジの生果および果汁の自由化により、さらなる国産果実の過剰構造が作り出されることになり、生産費を下回る相対的な価格低迷から脱することができない状態が続いた (注5)。この価格低迷の長期化は、交渉力を強化した小売業主導の流通事情の変化とも相まって、小売り段階の直接的産地掌握が果樹生産者の農協利用からの離脱につながり、個人販売の増加傾向も確認される (注6)。

　生産量の減少および価格低迷は、いうまでもなく青果専門農協および共選の販売取扱高の減少につながることとなり、関連する生産資材や加工部門の取り扱い事業高にも連動することとなる。加工部門に関しては、管外からの原料調達に依存した事業展開も可能ではあるが、第5章で考察したように、

本来の加工事業の位置づけとは乖離した展開にならざるを得ないとみられる。つまり、果樹の生産販売事業を中心とした青果専門農協全体の事業縮小へと連動することになる。

　そうした状況と系統組織再編の計画推進が重なり合った1990年代になると、愛媛県内において、青果専門農協と総合農協の合併を含んだ広域農協合併が展開することとなる。しかし、果樹産地の単位としては、合併を契機として、合併農協単位に産地を拡大する形で産地再編が行われたケースは、本書の分析範囲では1999年に合併して設立されたえひめ中央農協に限られている。つまり、それまでの産地運営体制としての青果専門農協と共選の協力関係による産地運営と販売事業の展開が継続することになり、共選レベルの産地再編はみられない。そうした中で、2000年頃になると、小売業界の販売ニーズにも対応した形として、光センサーを用いた果実の選果選別が標準装備化されるようになり、共選はその新たな技術を導入した施設への更新を迫られることになる。その施設投資の費用の問題および産地における生産量の減少から、宇和青果農協や越智今治農協では、共選の統合が行われ、西宇和農協においても、共選の再編案が示されている^(注7)。そういった点では、愛媛県における果樹産地の再編構図は、選果施設の高度化と産地単位の生産量の減少に対応して共選の統廃合を進め、農協単位に集約化する方向にあるとみることができる。

　しかし、西宇和農協管内では、地域の総合農協が合併により支所へと位置づけが相対的に下がったこともあり、地域における共選の位置づけがきわめて重要になり、そのことが共選単位の産地体制の強化につながっている側面もみられた。そこでは、中山間地域等直接支払い等の予算の有効活用、共選単位の農地管理、労働力の受入体制の整備などを共選として行うことで、地区内の生産基盤の整備に成果をあげていた。そして、そのことが生産出荷量を維持することにつながっており、販売銘柄としての共選マークがまさに地域のシンボルとなっていた。えひめ中央農協管内においては、銘柄は統一したが、中島地区の独自性を重視した商品開発や生産振興、生産者による独自

組織の設立による独自販売の動きがみられた。

　また、共選機能は、販売単位としての機能のみではなく、地域における生産者の拠り所、思い入れの単位としても重要である。それは、2018年西日本豪雨被害できわめて甚大な被害を受けたえひめ南農協玉津地区における玉津共選の復興への取り組みにも示されている。そこでは、各自が復興に取り組む過程で、個人としての無力感と地域としての協力の重要性を実感したことに始まるが、共選単位での協同の意識が再認識されたこともあり、若手農業者を中心として共選機能をサポートする組織が設立され、活発な活動を行っている[注8]。その結果、これまでのところ、災害を契機として離農した農家はなく、災害の傷跡は残るとはいえ共選管内全体が活性化しているのである。

　そういった点で、共選は、生産・販売の単位であると同時に地域の生産者が農協と協同して産地形成に取り組んできた矜持そのものでもあると考えられる。愛媛県内の果樹産地から考えられる再編論理としては、「産地」とは生産・販売の意志が統一されている単位であるため、生産・販売の変化に対する産地側の主体的・合理的な対応と同時に産地の矜持であるといえるのではないか。その葛藤、せめぎ合いの中での現実的な選択が行われ、現状の産地が形成・再編されてきたと考えられる。とはいえ、その中で、農協経営の論理を考慮せざるを得ないこともまた現実的なことである。

２．地域農業における農協の役割
　―愛媛県内の総合農協と専門農協の合併を通して―

（１）青果専門農協の存立構造と総合農協との合併

　愛媛県の果樹産地において、かつて事業展開していた青果専門農協の特徴を改めて整理すると次の通りである。

　まず事業として、歴史的経緯の中で信用・共済事業を有する農協もあるが、基本的には青果部門における販売・購買・利用・加工・営農指導の事業展開を中心としている。その中で、果樹生産者の収入に直結することになる農産

物販売事業が最も重要であり、自由で競争的な青果物市場への販売を中心とするため、常に生じる価格変動への対応を伴った事業展開が求められてきた。そこでは、生産者が出荷してきた果実の単なる荷造り・配送業務のみではなく、生産段階から販売時における計画を考慮した商品生産のための取り組みが実施されてきた。そのためには果樹生産者の協力と協同が必要であり、生産および集出荷調整を含んだ共同販売事業として実践されてきたのである。その中で、組合員への販売品の精算段階において、詳細な評価計算体系を作り上げてきた。そのことを通して商品力を強化し、販売力を発揮して有利販売につなげてきた。このように、生産と販売が一体となった販売事業展開であり、そのために営農指導事業、関連する生産資材購買事業、集出荷施設等の利用事業にも取り組んできた。また、精品として市場出荷が難しい農産物の商品化として生産者の所得向上につながると同時に需給調整も目的とした加工事業が実施されてきた。つまり、販売事業の延長としての加工事業という位置づけにある。

　そして、この事業運営の特徴として、自己完結的・自己責任的な展開が行われてきたことも注目される。販売事業としては、連合会の調整を有するとはいえ、基本的に農協自己完結的な事業展開であり、各農協の裁量で出荷販売が行われ、価格変動への対応、販売促進活動も行われてきた。また、農協の利用事業に関わる共選施設の維持管理については、組合員が中心となって運営を行ってきた。これは、組合員が共選を利用する時の取り決めの設定、取り決めたルール遵守の徹底を図る取り組みである。そしてさらに、共選の運営に関わる費用の一切（従業員の労賃、施設投資、減価償却費、租税負担など）を利用者である組合員による自己負担で行っている。そのため、共選会計は共選毎の独立採算で行われるのが一般的であり、農協によっては、営農指導事業費用の一部を担うために営農賦課金も徴収していた。こうした組合員による自己負担を伴った自主自立の事業運営体制が青果専門農協の特徴であり、きわめて具体的かつ実質的な協同により産地が成り立ってきたのである。

こうした事業内容と運営体制で農協経営が成り立っていたのは、温州みかんを中心とした柑橘生産に関する交易条件が良好で、柑橘農家が経営的に自立できる経済的条件を有していた下でのことであった。つまり、柑橘類の需給バランスにおいて、相対的に供給不足局面から需給均衡状態においてである。また、供給過剰が明らかになったことにより生じた1972年の価格暴落により、産地段階で様々な需給調整に取り組む段階では、需給均衡が達成できるという見込みが産地内の協力体制を強固なものとしていたとみられる。しかし、その取り組みは、農産物なかんずく果樹品目の輸入自由化により、国産農産物市場の全般的な過剰傾向が作り出され、その交易条件が悪化し、産地における主体的な対応のみではいかんともし難い状況となる。そこでは、柑橘類生産農家において農業経営が成り立つ条件が厳しくなり、これまでと同様なやり方で青果専門農協を支えることが難しくなってきた。

　つまり、相対的に価格が下落し、販売取扱量が減少する下では、従来通りの方式では組合員の負担が一方的に高まらざるを得なかったのである。それでも1990年代前半までは市場価格が一定の高単価を実現していたため、農協の経営という点では致命的な悪化状況には至っていなかったのであるが、減少する組合員数や将来の施設投資などを勘案し、1990年代中頃に多くの青果専門農協が総合農協との合併を決断している。第5章でみた宇和青果農協は、そのタイミングでの合併を見送ったため、その後は資金調達面で苦心することとなり、事実上経営は成り立たない状態にまで至ったのである。これは、信用事業を有していない青果専門農協ゆえの致命的な弱点が運転資金不足として明らかになったためである。

（2）総合農協と専門農協の合併による事業運営と農協経営

　こうして農協合併が行われ、青果専門農協は総合農協と合併することを通して事業を引き継いで、地域農業振興機能を継続することになる。しかし、輸入自由化等により存立基盤が崩れた加工事業に関しては、引き継がれなかったケースもみられる。そして、青果専門農協の時からの共選における自主

表終-2　5農協および全国平均の部門別事業利益構造

単位：千円

	信用事業	共済事業	農業関連事業	生活その他事業	営農指導事業	合計
えひめ南農協	229,993	376,323	-43,896	-128,232	-317,084	117,104
東宇和農協	255,786	162,408	-143,173	-93,050	-150,616	31,354
西宇和農協	314,323	210,375	167,936	-110,023	-371,345	211,267
えひめ中央農協	289,384	285,674	104,055	156,630	-666,435	169,307
越智今治農協	475,651	328,847	-135,949	-104,513	-341,811	222,224
全国平均	334,471	202,433	-49,149	-42,412	-166,386	278,957

資料：各農協の総代会資料、ディスクロージャー

注：2013年度から2017年度の5か年平均の値である。ただし、東宇和農協は2017年度のみの値である。

自立の運営体制を基本としつつも、信用・共済事業を有する総合農協の資金力により、営農賦課金の廃止、共選運用費用の利子負担分の軽減、地域によっては生じていた専門農協と総合農協の双方に対する販売手数料の一本化などを実施し、組合員負担を軽減するための営農経済事業を展開してきている。

とはいえ、その事業展開のための新たな事業体制は、合併農協としての経営を考慮したものとならざるを得ない側面もある。そのため、当初は総合農協である東宇和農協の中に青果部として特別な位置づけがみられた明浜共選は、販売取扱高の減少にもよるが全体の販売部門の一部として縮小化されている。また、図4-1でみたように、合併後に営農指導員が減少する傾向にあり、営農経済体制の全てを引き継ぎ強化することには必ずしもつながっていないのが現状である。よく言われたように、総合農協の資金力と専門農協の高度なマーケティング機能を統合することにより、これまで以上に専門的営農経済事業の展開が図られる農協像が描かれていたが[注9]、農協経営を取り巻く様々な環境の悪化も関係して、現実的には難しい面が多かったのである。

表終-2は、あらためて事例として分析した5農協と全国平均の部門別の事業利益構造について、2013〜2017年度の5カ年平均を示したものである。えひめ南農協は、宇和青果農協との合併により農業関連事業のマイナスが大幅に減少し、増加した営農指導費の負担をカバーしているが、信用・共済事業

による補填が前提である。東宇和農協は、農協全体として果実販売は限定的であり、米麦と畜産の販売取扱高が大きい農協であるため全国的な総合農協と同様な事業利益構造をみせている。西宇和農協は、2000年代後半からの柑橘類の価格の好転により農業関連事業がプラスで推移しているが、その黒字で営農指導事業費用を賄うことはできない構造である。えひめ中央農協は、合併後しばらくは部門別の収益差が大きく、農業関連事業もマイナスであったが、近年は販売取扱高が維持されていることも関係して収益が改善されている。しかし営農指導事業は信用・共済事業の収益がなければ成り立たない構造である。越智今治農協は、手数料収入が高い直売所の展開もあって農業関連事業のマイナスが縮小し、生活・福祉事業の積極的な展開により比較的に生活その他事業のマイナスも少ないが、営農指導事業費用を含めて信用・共済事業からの補填が必要である^(注10)。

　すなわち、5農協ともに専門農協的要素を引き継ぎ、農業関連事業のマイナス幅を縮小し、場合によってはプラスに転換させているが、それのみでは営農指導事業費用までを賄うことはできていないのである。さらに近年では、差別化商品の展開にみられるきめ細やかな販売対応、消費地に対する販売促進費用など販売事業の費用が増加している。また、農業労働力の減少に伴う農協による直接的な労働力支援、雇用労働力の斡旋、新規就農者支援事業^(注11)など、新たな農業関連事業の課題への対応にも取り組んでいる。そして、小規模生産者の販売機会の創出と新鮮な地場産の農産物を求める地域住民のニーズに即した直売所の開設運営も新たな営農経済事業の展開として実施している。こうした取り組みは新たな地域農業の課題に対応した積極的な事業展開であり、組合員ニーズに応えた地域農業振興の実践として必要なことではあるが、事業収支という点で見ると、費用の増加につながることは否定できない。

　このように、青果専門農協の時と同様な営農経済事業のみの採算と組合員負担を前提とした独立採算的な運営では農協の営農経済事業を賄うことは不可能であり、信用・共済事業を含んだ経営のバランスの中で営農経済事業を

展開し、農協経営を成り立たせているのであるのが現実ではないだろうか。そして、こうした中で、将来的には共選施設の更新費用がかさむことも予想されるため、共選の統合が検討されているのである。また、高齢化が進む地域社会においては、地域住民の新たなニーズに対応した農協事業の展開も総合農協としては求められることになる。

（3）地域農業と地域社会における総合農協としての農協機能

　今日、系統農協は、「JAグループの「自己改革」について」（2014年11月）の方針と第27回全国農協大会（2015年10月）の決議を経て、「自己改革」に邁進し、「農業者の所得増大」「農業生産の拡大」という目標達成のために営農経済事業を強化した取り組みを行っている。それは、政府の農協「改革」の本質を隠す「錦の御旗」としての側面[注12]を有するが、農業者・組合員間にとっては望まれる方針でもあり、従来から取り組まれてきた地域農業振興のための農協機能の発揮である。

　農水省による農協改革の進捗状況の調査によると、表終-3に示したように、農協側と農業者側には依然として数値の開きがあるものの、取り組みが進展していることは明らかになっている。そのため、農水省も農協改革の進展を

表終-3　農協改革の進捗状況についての農水省アンケート結果

単位：%

		2016年度	2017年度	2018年度	2019年度
農産物販売事業の見直しについて、「具体的取組を開始した」と回答したもの	総合農協	68.0	87.7	93.8	91.4
	農業者	25.6	32.2	38.3	40.4
生産資材購買事業の見直しについて、「具体的取組を開始した」と回答したもの	総合農協	65.5	88.3	93.6	91.7
	農業者	24.0	34.1	42.1	43.7
農産物販売事業の進め方や役員の選び方等に関し、「組合員と徹底した話し合いを進めている」と回答したもの	総合農協	48.9	76.6	90.2	86.3
	農業者	21.9	30.6	35.2	38.1

資料：農水省

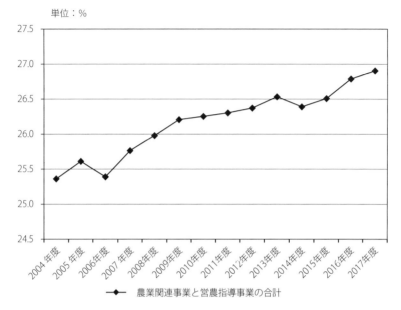

単位：%

図終-1　事業管理費に占める農業関連事業と営農指導事業の割合

資料：総合農協統計表
注：共通管理費を除いた値である。

凡例：◆ 農業関連事業と営農指導事業の合計

認めざるを得ない状況となり、序章で述べたように、規制改革推進会議による推進期間の終了と農水省の評価につながっている。こうした取り組みは、農協内の経営資源を営農経済部門にシフトすることで進めるとした方針に従って、自己改革に取り組む農協の事例からは、新たな販売部署を設置したり、営農支援体制を強化するなどの事業体制整備が報告されている[注13]。統計的には、販売担当職員数が、2011年度の15,879人をボトムとし、2014年度15,940人から3年続けて増加して2017年度は16,122人となっている。また、**図終-1**にみられるように、事業管理費にしめる営農関連事業と営農指導事業の割合が、2000年代からの増加傾向ではあるが、2015年度からの増加傾向がやや顕著になっているとみられる[注14]。

　しかし、自己改革を進めるに当たって、事業の採算性を十分に考慮するこ

となく営農経済事業へのシフトを進めている点も懸念される^(注15)。他方で、2018年に農林中金から奨励金の引き下げが明らかにされ、農協の信用事業の収益悪化が予想される中での営農経済事業の拡大は、農協経営のバランスを考えると難しいと思われる。

　愛媛県の果樹産地においては、かつては青果専門農協が果樹農業に関する営農経済事業を中心とした事業展開を実施してきた。しかし、従来の事業方式のみでは収益確保が難しくなり、総合農協との合併を選択し、農協経営全体のバランスの中で営農経済事業を成り立たせる体制に移行してきた。そして、新たな地域農業と地域社会の課題に対応する農協事業の展開に取り組んでいるのである。これは、専門農協とか総合農協という問題ではなく、地域農業と地域社会の課題に対して、農協の経営資源を最大限に有効活用して取り組んでいる事業の総合的展開であり、農協の地域農業振興機能に他ならない。それは地域農業と地域社会を支える農協としての支援事業展開の重要性と、共選運営にみられる組合員の自己負担を伴った組合員の協力による自主自立の農協運営体制の必要性を示している。こうした愛媛県の果樹産地の再編および農協の事業展開と運動の実践は、総合農協としての経営資源のバランスの重要性と地域農業と地域社会に対応した農協機能のあり方を示唆していると考えられる。

注

（注１）　玉真之介『主産地形成と農業団体—戦間期日本の農業と系統農会』農山漁村文化協会、1996年、参照

（注２）　この当時は果汁需要が拡大していた時でもあり、加工用果実の原価もある程度の水準を満たしていたため、果汁化による調整も大規模に行われた。1972年の価格暴落時において、愛媛青果連が行った搾汁により産地廃棄を免れた温州みかんも相当数におよんでおり、生産者への精算単価は精品と大きくは変わらなかった。詳しくは、麻野尚延「果汁輸入自由化と国内柑橘産業の動向」『農業市場研究』第３巻第２号、1995年３月、参照。

（注３）　相原和夫『柑橘農業の展開と再編』時潮社、1990年、麻野尚延「みかんの需要調整と価格政策」『農業市場研究』第５巻第１号、1996年９月、参照。

（注４）　この点についての分析に関しては、梅木利巳「多元的流通の展開と系統共

販の再編・上」『農協経営実務』第41巻第3号、1986年3月、梅木利巳「多元的流通の展開と系統共販の再編・下」『農協経営実務』第41巻第5号、1986年5月、梅木利巳『多様化する農産物市場』農山漁村文化協会、1988年2月、を参照のこと。

(注5) 幸渕文雄「みかん農業の危機とその再生方向」『農業・農協問題研究』第45号、2010年11月、参照。

(注6) この点は、木村務「需要減退下における果樹農業再編」田代洋一編『日本農業の主体形成』筑波書房、2004年においても指摘されている。また、統計的には「青果物集出荷機構調査報告書」と「果樹生産出荷統計」から推計することができるが、愛媛県におけるみかんの個人出荷の割合は、1996年8.9%、2001年18.4%、2006年38.8%と急増している。

(注7) 2019年度段階で西宇和農協には共選は10であり、7カ所の施設で選果作業が行われている。それを、4カ所の施設に集約する方針であるが、共選の再編に関しては検討中とみられる。詳しくは、日本農業新聞、2019年8月14日、を参照。

(注8) 板橋衛「柑橘産地における新しい取り組み」『地域農業と農協』第49巻第2号、2019年9月、参照。

(注9) 太田原高昭『系統組織と農協改革』農山漁村文化協会、1992年、参照。

(注10) 越智今治農協は、農協改革および自己改革のモデル的農協の事例として散見されるが、自己改革を進める2015年度以降の農業関連事業の事業利益のマイナス幅が大きく拡大していることも注視する必要があると思われる。

(注11) 新規就農者の支援のために農協が実施している研修などの費用は、就農予定者1人当たり1年間に100万円は必要であると見積もっている農協もある。

(注12) 増田佳昭「農協改革と自己改革―その狙いと進捗状況―」『農業と経済』第84巻第7号、2018年8月、参照。

(注13) 農水省ホームページ、農協改革について「農業の発展に成果を出している農協の取組事例」、および、日本農業新聞で毎月整理されている「JA自己改革の軌跡」を参照。

(注14) 尾高恵美「2016年度における農協の経営動向」『農林金融』第71巻第10号、2018年10月、参照。

(注15) 板橋衛「営農経済事業における自己改革の展開と農協の運営課題」『協同組合研究誌「にじ」』2017年臨時増刊（No.661）参照。

あとがき

　本書に収録された論文等の初出は以下の通りである。なお、全ての論文等に加筆修正を行っており、初出時とは構成が異なるものもある。また、初出の時点で連名による論文等においては、筆者による執筆部分を中心として再構成している。そのことをご承諾いただいた連名者には記して感謝する。

序章：書き下ろし。
第1章：『地域農業マネジメント』全国農業協同組合中央会、2016年8月。「第27回JA全国大会組織協議案の分析」『農業・農協問題研究』第58号、2015年12月。「農協「改革」の構図と営農経済事業純化論」『協同組合奨励研究報告』第四十三輯、2017年11月。
第2章：「営農面事業の改革課題」小池恒男編著『農協の存在意義と新しい展開方向』昭和堂、2008年12月。
第3章：「果樹地帯における農地荒廃化の構造と地域の対策―愛媛県柑橘地帯にみる―」梶井功・矢坂雅充編著『日本農業年報56　民主党農政―政策の混迷は解消されるのか』農林統計協会、2010年5月。
第4章：「愛媛県における系統組織再編と専門農協の統合」『協同組合奨励研究報告』第四十三輯、2017年11月。
第5章：「専門農協の事業展開と総合農協との合併―宇和青果農協とえひめ南農協の合併を事例として―」『協同組合奨励研究報告』第四十三輯、2017年11月。
第6章：「かんきつ産地の再編と農協」村田武編著『地域発・日本農業の再構築』筑波書房、2008年3月。
第7章：「農協の農産物直売事業の展開と共販組織の再編に関する研究」『協同組合奨励研究報告』第三十七輯、2011年11月。「共選場を中心

とした柑橘生産販売体制と農協合併─西宇和農協を事例として─」
『協同組合奨励研究報告』第四十三輯、2017年11月。

第8章：「果樹・野菜産地における農民的共同販売の展開と農協の課題─
愛媛県下の調査事例から─」『農業・農協問題研究』第52号、
2013年、11月。「愛媛県における柑橘産地の再編構造─販売組織
としての産地を中心として─」八木宏典、佐藤了、納口るり子編
著『日本農業経営年報No.10　産地再編が示唆するもの』農林統
計協会、2016年2月。

第9章：「直売所を中心とした地域活動と女性部活動」『西日本先進地にお
ける農協生活関連事業の多面的展開』北海道地域農業研究所、
2015年3月。「青果専門連との合併による共選場体制の再編と新
たな営農経済事業の展開　越智今治農協を事例として─」『協同
組合奨励研究報告』第四十三輯、2017年11月。

終章：書き下ろし。

　筆者が愛媛県に初めて足を踏み入れたのは、今から20年以上前の1997年9
月のことである。愛媛大学で開催された第17回日本協同組合学会に出席する
ため、当時勤務先の南九州大学のある宮崎から車で移動して、大分県臼杵港
からフェリーに乗り八幡浜港に上陸した。船が港に近づく頃はすでに薄暗く
なっていたが、船上から目にした海岸沿いの斜面は、山の上まで人工的に成
形されていることが確認できた。それは、棚田とは異なる、今まで見たこと
がない「異様」な景観に感じられたものである。それが、愛媛県の海岸線沿
いに広がるみかん畑である果樹園地を直接見た時の最初の印象であるが、秋
の夕暮れは早く、上陸時にはすでに当たりは暗くなっていたため、八幡浜港
の北側に開けている日の丸共選のみかん畑（当時はそんなことは知らなかっ
たのであるが）を見ることもなく、松山市へと向かった。そして、帰りの時
も予想外（後述）に遅くなり、八幡浜港に着いた時はすでに真っ暗であり、
みかん山への関心も忘れて帰路についた。

216

　再度、愛媛県を訪れるのはそれから3年後の2000年11月であり、「農協の生産・営農指導事業の収益化方策に関する研究」（協同組合奨励研究、代表：坂下明彦）のための調査目的であった。そのおりも八幡浜港に上陸した時は夜であり、みかん畑を見ることもなく、調査同行者である坂下先生が待つ松山市への道を急ぐことになる。

　この時の調査では、まず愛媛県内の系統組織再編の実態を把握すべく愛媛県農協中央会に行く予定であったが、少し時間があるため、急遽、旧愛媛青果連である愛媛県農業協同組合連合会（県農えひめ）の青果事業本部に行くことにした。調査と言うより、挨拶を兼ねた雰囲気探りの訪問であるが、青果事業本部担当の正金郎参事（本部長兼務）が対応してくださった。突然の訪問であるため当然の反応ではあるが、何をしに来たのかという先方からの問いかけがあり、それに対してあまり的を射てない返答をしたことから、愛媛のみかんのことを何も知らない連中と思われたのであろう、愛媛のみかんの技術力、販売力など、その優秀さについて、眼光鋭く滔々と語られることとなった。先ほどまで東京青果の社長が挨拶にきていたとか、「小太郎」というブランドみかんの味を知っているか等々、坂下先生も筆者もたじたじであった。長年にわたって全国一のみかん産地を束ねてきた愛媛青果連の流れを汲む青果事業本部長の辣腕ぶりを感じたものであるが、柑橘価格が低迷して販売環境が厳しくなっている時であったにもかかわらず、政策的な問題やそのあり方などはあまり話題に上がらなかったように記憶している。これは専門農協の自主性や主体性に関わっていることかもしれないが、次の柑橘産地における調査でも同様であった。

　翌日、具体的な柑橘産地への調査として明浜町（現在：西予市明浜町、本書第6章参照）に向かった。国道56号線から県道に入り、野福トンネルを抜けた眼下に広がるみかん畑の絶景に感動して、やや興奮気味で調査地に着いたものである。調査地を明浜町にした要因は、坂下先生が明浜町で開催される日本村落研究学会に出席するためであり、柑橘産地の中から明浜町を選定した特別な理由はなかった。しかし、本書第6章でも述べたように、愛媛県

における系統農協組織再編と産地再編が錯綜する複雑ではあるが面白い事例であり、専門農協と総合農協の合併の狭間で、まさに共選が産地としてのあり方を迫られ、総合農協である東宇和農協への合併を選択し、その中で専門農協としての運営を行っていた産地であった。調査では、東宇和農協青果部（当時）の山下重政部長から、そうした経緯をお聞きすることができたが、山下部長の元の所属である宇和青果農協で暦年組合長を務めた幸渕文雄氏からもお話しをお聞きすることができた。

　幸渕氏からは、青果専門農協である宇和青果農協が、総合農協とは合併しないで事業展開を行っている事への誇り・自負を強く感じることができた。その中で、繰り返されるのは、宇和青果農協は専門農協・協同組合組織として、その理念に即した自主・自立の運営を行っていることを強く主張する言葉であった。何回も繰り返されるがやや抽象的でもあり、当初は観念的な思いなのではないかとも感じられた。そこで、自主・自立の運営とは具体的どういう体制や仕組みであるのかと質問したところ、共選の運営体制、運営への組合員参加、共選運営経費に対する組合員負担の仕組みなど、きわめて詳細に回答いただいた。青果専門農協や共選関係者にとっては、おそらく常識的なことで説明するまでもないことだから当初は話題に上がらなかったのではないかと思われるが、これらの内容は、実践として協同組合を理解する上では、まさに目から鱗が落ちるものであった。それまで総合農協の作目別生産部会の研究を行ってきて、組合員の主体的な運営参加までは確認することができたが、施設の建設や運営費用にまで組合員が関与するのは驚愕であった。筆者の中では、何となく協同組合の理念と実践が結合した瞬間であった。また、農協の生産・営農指導事業の収益化方策つまりは営農経済事業で成り立つ農協のあり方について考えるための調査であったが、専門農協として経営が成り立つ条件を、販売手数料や取扱販売高などの経済的指標、または販売や営農指導などの事業のあり方のみではなく、その自主・自立の運営理念と結びついた事業展開と関連させて理解することの重要さを教えられた思いであった。この時に感じたことは、本書にまでつながっているのである。

　その後、筆者は2001年8月から広島大学に籍を置き、縁あって2008年7月から愛媛大学に勤務することとなった。愛媛大学では、村田武先生の音頭により自主的な研究会が開催されていて、そこには現役を引退した正金郎氏（2000年のことは記憶にないようである）や幸渕文雄氏など、往年の愛媛県農業・農協の実践者が集っており、皆さんと議論する機会を得ることができた。本書は、そうした愛媛県内の果樹農業に関係する実務者や研究者との交流・討論を行う中で調査研究し、報告書や著書の中で発表してきた論文を『果樹産地の再編と農協』としてまとめあげたものである。2000年11月の調査からはすでに20年近い歳月が流れ随所に色あせ感もあり、他方でまだまだ調査研究不足の部分もある。そういった点で不十分な内容であることは筆者自身が一番認識しているところである。しかし、それでも、今、本書をまとめると決意した理由は、次の通りである。

　1つは、2014年規制改革会議（当時）の「農業改革に関する意見」における農協「改革」の中で、あまりにも簡単に専門農協化の方向性が示されたことに対する反論である。もちろん、この点に関しては多くの論者が様々なところで反論しており、営農経済事業に特化した農協事業の展開では、農家支援や地域農業振興のために営農指導事業と経済事業を強化するどころか農協経営そのものが成り立たないことを論証している。しかし、青果専門農協が総合農協と合併することを通して、専門農協の営農経済事業を引き継いできた愛媛県を事例として実証的に反論・批判すべきと考えたからである。現場の農協関係者や組合員が、どれだけ苦渋の決断で総合農協との合併を実施して現在に至っているかを示したかった。そのことで、信用・共済事業を分離することが目的とは言え、営農経済事業に専門化することで農協運営や経営が健全化するなどという勝手なことをいとも簡単に述べる事など許されるべきではないと諭したかったからである。

　もう1つの理由は、恩師である太田原高昭先生への思いである。これは、2017年8月に太田原先生が逝去されたことで叶わない事なのではあるが、筆者が太田原先生に直接お会いして話をした2017年1月の時に、病床の傍らで、

穏やかながらも厳しい口調で「愛媛の研究者は何をやっているんだ」とお叱りを受けたことへの回答である。太田原先生は、農協「改革」の中で、農協の専門農協化論が無責任に横行している中において、専門農協が総合農協と合併せざるを得なかった愛媛の事例から実証的な反論が出されてこないことに憤慨されていた。そのことは太田原先生の最後の著書となった『新　明日の農協　歴史と現場から』においても述べられていることである。筆者は、お会いした時の御著書を手にしていたが読破しておらず、実証的反論への準備を進めていたがまだ成果を示すまでもなく、二重三重に恥ずかしい思いをした。同時に、必ず成果をまとめてお見せしようと思ったのである。筆者の能力不足から、その思いから3年の時日が流れてしまったが、本書を上梓することで、その回答としたい。

　本書をまとめるに当たっては、実に様々な方にお世話になったことは言うまでもない。調査においては、愛媛県内の果樹産地の農協・連合会の役職員や生産者の方々に、忙しい時期にお邪魔してばかりであったが、懇切丁寧に対応をいただき、貴重な資料を見せていただくことができた。人数が多いために1人1人のお名前をあげることはできないが、ここに厚く御礼を申し上げる。本書は、まさに愛媛県の果樹農業を支える方々の協力と善意によって作り上げることができたものである。

　また、本書は主に愛媛大学に赴任してからの調査研究を元にしているが、筆者が北海道大学農学部で農業経済学を学び始めた頃から今日に至るまで、まともに論文としての文章を書けない筆者に対して、調査研究や論文作成の手ほどきから常に指導を賜ってきた坂下明彦先生に感謝申し上げる。坂下先生には筆者の調査の多くに同行頂き、ゼミにおける議論を通して、問題意識と現場を共有して調査研究を行うことができた。そのことにより、筆者はどれだけ心強く安心して調査研究を進めることができたか計り知れない思いである。奇しくも本書の出発点となる2000年11月の調査も坂下先生と行ったものであり、1997年9月に八幡浜港に着くのが予想外に遅くなったのは、内子町での見学を終えて解散する予定が、坂下先生から松山空港まで連れて行け

と言われて松山市内まで引き返したためである。本書の取りまとめに関しても随所で助けていただいた。甘えてばかりではいけないが、坂下先生は常に頼りになる存在である。ありがとうございます。

そして、本書の出版を引き受けていただきました筑波書房の鶴見治彦社長には心よりお礼申し上げる。また、本書の出版は、一般社団法人北海道地域農業研究所の出版助成事業を得て刊行したものである。研究所の関係者には、刊行を前に、原稿のチェックもしていただいた。ここに記して感謝申し上げる。

最後になるが、いつも精神的に支えてくれる家族への感謝を記したい。教育・研究のためとはいえ、要領悪く休日も大学に行って勤しんでいるにもかかわらず、あまり成果も上がらず疲れて帰ってくる筆者に対して、いつも笑って暖かく迎えてくれる妻・登紀子、娘・由季、ありがとう。

2020年1月

板橋　衛

著者紹介

板橋　衛（いたばし　まもる）
愛媛大学大学院農学研究科　教授

経歴
1966年　栃木県生まれ
1995年　北海道大学大学院農学研究科博士後期課程　修了　博士（農学）
1995年　社団法人北海道地域農業研究所　専任研究員
1996年　南九州大学園芸学部　講師、助教授
2001年　広島大学生物生産学部　助手
2002年　広島大学大学院生物圏科学研究科　助教授、准教授
2008年　愛媛大学農学部　准教授
2016年　愛媛大学大学院農学研究科　教授

主な著書
『地域づくりと農協改革』（共著）農山漁村文化協会、2000年
『北海道農業の地帯構成と構造変動』（共著）北海道大学図書刊行会、2006年
『現代の農業問題3　土地の所有と利用』（共著）筑波書房、2008年
『協同組合としての農協』（共著）筑波書房、2009年
『水田農業と期待される農政転換』（共編著）筑波書房、2010年
『福島　農からの日本再生』（共著）農山漁村文化協会、2014年
『新たな食農連携と持続的資源利用』（共著）筑波書房、2015年
『地域農業マネジメント（第2版）』（単著）全国農協協同組合中央会、2019年

北海道地域農業研究所学術叢書⑳

果樹産地の再編と農協

2020年3月26日　第1版第1刷発行

　　　　著　者　板橋 衛
　　　　発行者　鶴見 治彦
　　　　発行所　筑波書房
　　　　　　　　東京都新宿区神楽坂2－19 銀鈴会館
　　　　　　　　〒162－0825
　　　　　　　　電話03（3267）8599
　　　　　　　　郵便振替00150－3－39715
　　　　　　　　http：//www.tsukuba-shobo.co.jp

　定価はカバーに示してあります

印刷／製本　中央精版印刷株式会社
©2020 Mamoru Itabashi Printed in Japan
ISBN978-4-8119-0572-3 C3061